FORSCHUNGSBERICHTE DES LANDES NORDRHEIN-WESTFALEN

Herausgegeben
im Auftrage des Ministerpräsidenten Dr. Franz Meyers
von Staatssekretär Professor Dr. h. c. Dr. E. h. Leo Brandt

DK 621.73.034:621.891.2.003.1:620.1

Nr. 1000

Dr.-Ing. Hartmut Tolkien

Institut für Werkzeugmaschinen und Umformtechnik
Technische Hochschule Hannover
(Prof. Dr.-Ing. O. Kienzle)

Schmierwirkungen in Schmiedegesenken

Als Manuskript gedruckt

WESTDEUTSCHER VERLAG / KÖLN UND OPLADEN

1961

ISBN 978-3-663-04120-7   ISBN 978-3-663-05566-2 (eBook)
DOI 10.1007/978-3-663-05566-2

G l i e d e r u n g

Verzeichnis der Abkürzungen . . . . S. 5

1. Einleitung . . . . S. 7

2. Die Schmierung beim Gesenkschmieden . . . . S. 9

   2.1 Vorgänge bei der Reibung und Schmierung . . . . S. 9

   2.2 Schmierstoff-Untersuchungen . . . . S. 19

   2.3 Schmierstoffe für die Gesenkschmierung . . . . S. 28

3. Die äußere Reibkraft mit und ohne Schmierung . . . . S. 42

   3.1 Stauchen zylindrischer Proben zwischen ebenen
       parallelen Bahnen . . . . S. 42

   3.2 Schmieden im Gesenk mit Gratspalt in Presse
       und Hammer . . . . S. 44

4. Die Haftkraft als Maß für die Schmiereignung
   des Schmierstoffes . . . . S. 59

5. Der Gasdruck als Maß für die Treibwirkung des
   Schmierstoffes . . . . S. 64

   5.1 Versuchsaufbau . . . . S. 65

   5.2 Versuchsablauf . . . . S. 67

   5.3 Ergebnisse . . . . S. 70

6. Wirkung der Schmierung auf den Gesenkverschleiß . . . . S. 76

   6.1 Betriebsversuche in Spindelschlagpressen . . . . . . S. 77

      6.11 Versuchsaufbau . . . . S. 77

      6.12 Versuchsdurchführung . . . . S. 80

   6.2 Ergebnisse . . . . S. 80

      6.21 Maßlicher Verschleiß der Gesenke . . . . S. 80

      6.22 Mikrogeometrischer Verschleiß der Gesenke . . S. 97

      6.23 Schmierwirkung bei verschiedenen Gesenk-
           werkstoffen . . . . S. 110

7. Einfluß der Schmierung auf die Formgenauigkeit
   des Schmiedestücks . . . . S. 111

8. Menschliche Belange . . . . S. 116

9. Zusammenfassung der Ergebnisse . . . . S. 118

Anhang 1 . . . . S. 125

Anhang 2 . . . . S. 127

Anhang 3 . . . . S. 128

Anhang 4 . . . . S. 134

Literaturverzeichnis . . . . S. 142

Verzeichnis der Abkürzungen

Abkürzung	Bezeichnung	
b	Breite der Gratbahn	mm
b/s	Gratbahnverhältnis	-
d_o	Ausgangsdurchmesser der Preßfläche	mm
d_z, Δd	Durchmesser nach z Schmiedestücken und dessen Zunahme	mm
h_o, h, h_1	Ausgangs-, Augenblicks- und Endhöhe des Schmiedestücks	mm
$h_o - h$	Umformweg	mm
h_s	Steighöhe	mm
k_f	Umformfestigkeit (Formänderungsfestigkeit)	kp/mm^2
k_w	Umformwiderstand	kp/mm^2
p	Flächenpressung	kp/mm^2
p_G, $p_{G_{sch}}$, p_{G_o}	Gasdruck im Gesenk, beim Schmieden mit und ohne Schmierung	at
r	Augenblickshalbmesser der Preßfläche	mm
s	Höhe der Gratbahn	mm
t	Zeit	s
v_o, v	Anfangs- und Augenblickswerkzeuggeschwindigkeit	m/s
v_G	Gleitgeschwindigkeit	m/s
A_{sch}, A_o	Umformarbeit beim Schmieden mit und ohne Schmierung	mkp
F	Augenblickspreßfläche	mm^2
F'	wahre Berührfläche	mm^2
HR_c	Rockwellhärte	-
P	Preß- bzw. Ziehkraft	Mp
P_H	Haftkraft	kp
P_N	Normalkraft	kp
P_R	Reibkraft	kp
P_S	Kraft in senkrechter Richtung	kp
P_u, $P_{u_{sch}}$, P_{u_o}	Umformkraft, beim Schmieden mit und ohne Schmierung	Mp
P_W	Kraft in waagerechter Richtung	Kp
R	Rauhtiefe	μm
α	Gesenkschräge	°

$\beta = (\dfrac{r_{min}}{r_{max}})^2$	Gleichförmigkeitsgrad	-
$\varepsilon = \dfrac{h_o - h}{h_o}$	bezogene Formänderung	-
ϑ_{sch}	Augenblickstemperatur des Schmiedestückes	°C
μ	Reibwert zwischen zwei aufeinander gleitenden Flächen	-
μ_T, μ_G	Reibwert der Trocken- und der Grenzreibung	-
μ_M, μ_H	Reibwert der Misch- und hydrodynamischen Schmierung	-
ϱ	Reibwinkel	°
σ_m	mittlere Fließspannung der Rauhgipfel	kp/mm²
σ_B	Zugfestigkeit	kp/mm²
τ_M, τ_G	Scherfestigkeit der metallischen Verbindungsbrücken und der schmierenden Grenzschicht	kp/mm²
$\varphi = \ln \dfrac{h_o}{h}$	Augenblickswert des log. Formänderungsverhältnis	-
$\varphi_{o1} = \ln \dfrac{h_o}{h_1}$	Endwert des log. Formänderungsverhältnis	-

1. Einleitung

Wo durch Reibung Verschleiß verursacht wird, versucht man, ihn mit Hilfe von Zwischenschichten zwischen den aneinander reibenden Körpern zu verringern.

Eine solche Aufgabe liegt auch bei Schmiedegesenken vor, die durch die Gleitreibung des heißen Schmiedegutes unter hohem Druck rasch verschleißen. Das ist beim Schmieden von Stahl, dem allein diese Arbeit gewidmet ist, umso wichtiger, als hier der Gesenkwerkstoff auch aus Stahl besteht und daher seine Widerstandsfähigkeit gewisse Grenzen findet, die die Wirtschaftlichkeit erheblich beeinträchtigen.

Hier setzt die Bedeutung rasch einzubringender Zwischenschichten ein, die wir kurz Schmiermittel nennen, obwohl sie (wie z.B. Sägemehl oder Lösungsmittel) sonst nicht dazu gezählt werden. Wenn in der Praxis auch manchmal beim Schmieden von Stahl überhaupt nicht geschmiert wird, so neigen doch die meisten Auffassungen dazu, mit Sägemehl oder Altöl zu arbeiten. In ausländischen Veröffentlichungen wird von der Anwendung verschiedener Hilfsmittel, wie Graphit, Molybdän-Disulfid und Glas berichtet.

Die Zusammenhänge zwischen Reibung, Verschleiß und Schmierung sind in vielen Arbeiten bis zu Temperaturen von 300°C erforscht worden. Die Schmierprobleme bei der Warmumformung und insbesondere beim Gesenkschmieden wurden jedoch bisher nur vereinzelt untersucht.

Die Schmierung beim Gesenkschmieden ist ein recht verwickelter Vorgang. Neben dem Schmiermittel beeinflussen Gesenk- und Schmiedestückwerkstoff, Oberflächenbeschaffenheit von Werkzeug und Werkstück, Gesenk- und Schmiedetemperatur, Ausbildung von Vor- und Fertigform sowie Maschine und Verfahren die Lebensdauer der Schmiedegesenke, so daß es schwierig ist, die Wirkung eines Schmiermittels gesondert zu erkennen.

Es leuchtet daher ein, daß Schmierstoffe nicht mit einem einzigen Kennwert eindeutig gekennzeichnet werden können. Nur mehrere Einzelbefunde zusammen ermöglichen eine Beurteilung der Schmierwirkungen in Schmiedegesenken. Das gilt um so mehr, als das "Schmiermittel" nicht nur Reibung und Verschleiß verringern, sondern auch eine Treibwirkung zum Lösen des geschmiedeten Stückes aus dem Gesenk ausüben soll.

Das Ziel dieser Arbeit ist die Beurteilung des Verhaltens der im Anhang 1 aufgeführten Schmierstoffe unter den beim Gesenkschmieden von Stahl auftretenden hohen Flächenpressungen und Temperaturen. Hierzu werden verschiedene Prüfverfahren herangezogen. Die im Schrifttum bekannt gewordenen mechanischen Schmierstoffprüfgeräte sind dafür nicht anwendbar, denn ihre Prüfbereiche liegen weit unter den beim Gesenkschmieden vorhandenen hohen Flächenpressungen und Temperaturen. Der Aufwand für entsprechende neue Versuchseinrichtungen wäre sehr groß und widerspräche dem Bestreben, Untersuchungsmethoden anzuwenden, die dem Gesenkschmieden so nah wie möglich angepaßt sind. Die Schmierwirkungen werden daher unmittelbar beim Schmieden im Gesenk geprüft.

Zunächst (Abschnitt 3) wurde der einfachste Schmiedevorgang, das Stauchen zylindrischer Stahlproben zwischen ebenen Stauchbahnen, für die Prüfung von Schmiermitteln herangezogen; sodann wurden Versuche an Gesenken mit Gratspalt vorgesehen. Die Abhängigkeit des Kraft- und Arbeitsbedarfes von der Schmierung wurde bei verschiedener Auftreffgeschwindigkeit des Obergesenkes geprüft, indem die Versuche in zweierlei Umformmaschinen - Schwungradspindelpresse und Riemenfallhammer - mit verschiedenem Geschwindigkeitsverhalten durchgeführt wurden.

Als Maß für die Schmierfähigkeit der Schmiermittel wurde die mit dem Schmierstoff veränderliche Haftkraft zwischen Gesenk und Schmiedestück ermittelt, die beim Ausstoßen des Werkstückes aus der Gravur auftritt (Abschnitt 4).

Da aus der Praxis bekannt ist, daß Schmiedestücke besonders aus tiefen Gravuren mit geringen Neigungswinkeln durch Stoffe wie Sägemehl leichter gelöst werden, weil diese ein Dampf- und Gaspolster bilden und dadurch eine Treibwirkung hervorrufen, wurden die beim Gesenkschmieden auftretenden Gasdrücke von verschiedenen gasentwickelnden Stoffen in einem Versuchsgesenk gemessen und der jeweils größte Druck als Maß für die Treibwirkung bestimmt (Abschnitt 5).

Diese betriesnahen Kurzprüfverfahren sind verhältnismäßig schnell und billig durchzuführen. Sie stellen daher die ideale Prüfungsmethode dar, sofern sie eine endgültige Beurteilung zulassen. Andere Forschungen haben ergeben, daß für die Beurteilung der Wirksamkeit von Schmiermitteln die Kurzzeitprüfung wohl als Vorprüfung geeignet sei, daß aber erst eine Langzeitprüfung eine endgültige Beurteilung zulasse. Ihr Wert wurde durch umfangreiche Langzeitprüfungen in der Praxis beim Schmieden von Getrieberädern in Spindelpressen überprüft.

Die Ergebnisse der Langzeitversuche in dieser Arbeit bestätigen in vielen Punkten die bei den Kurzzeittesten gemachten Beobachtungen. Neue und zum Teil von bisherigen Veröffentlichungen abweichende Gesichtpunkte ergaben sich in Bezug auf die Auswirkung der Schmierung auf den Gesenkverschleiß, der makro- und mikrogeometrisch untersucht wurde (Abschnitt 6). Besondere Aufmerksamkeit galt dem Vergleich des Schmiereinflusses auf das Verschleißverhalten bei verschiedenen Gesenkwerkstoffen.

Da nach KIENZLE [35] kein Arbeitsverfahren vollständig durchgebildet ist, wenn es nicht auch dem Menschen angepaßt wurde, so wurden die bei der Gesenkschmierung auftretenden Fragen des Arbeitsschutzes in die vorliegende Betrachtung mit einbezogen.

2. Die Schmierung beim Gesenkschmieden

2.1 Vorgänge bei der Reibung und Schmierung

In der Umformtechnik kann der Reibvorgang durch Schmierschichten in der Wirkfuge zwischen dem Werkzeug und dem umzuformenden Werkstück wesentlich beeinflußt werden. Die beim Gesenkschmieden auftretenden hohen Temperaturen und Flächenpressungen erschweren in starkem Maße die Bildung von zusammenhängenden Schmierfilmen, die die Umformkraft vom Werkzeug auf das Werkstück übertragen.

Bei fast allen Verfahren der Umformtechnik liegt Mischreibung vor [14], die beim Schmieden von Stahl in Grenzschmierung übergeht. Zum besseren Verständnis des Reibvorgangs im Gesenk werden zunächst einige einschlägige Erkenntnisse der Reibunsforschung betrachtet.

Bereits im 15. Jahrhundert stellte Leonardo da VINCI durch Versuche fest, daß der Reibwiderstand sich proportional zur Belastung änderte und von der Größe der Berührflächen unabhängig sei. Diese beiden Gesetze für die trockene Reibung wurden 1699 von AMONTONS wiederentdeckt und 1781 von COULOMB experimentell bestätigt. Dieser unterschied zwischen dem Reibwiderstand des ruhenden Körpers - der Ruhereibung - und dem Reibwiderstand des bewegten Körpers - der Gleitreibung. Er beobachtete, daß die kinetische Reibung kleiner als die statische und von der Gleitgeschwindigkeit fast unabhängig sei. COULOMB nahm an, daß der Reibwiderstand auf dem Ineinandergreifen von Unebenheiten der Oberflächen beruht und den Widerstand darstellt, der beim Anheben des oberen Körpers über die Rauhgipfel des unteren zustande kommt. Die gleiche Auffassung vertrat 1854 HIRN, der zwischen geschmierten und trockenen Körpern unterschied und feststellte, daß der Einfluß von Geschwindigkeit und Belastung in beiden Fällen verschieden sei.

Die Wirkung eines Schmiermittels führte man auf die Bildung einer Schicht zurück, die ein gegenseitiges Ineinanderhaken der Oberflächenrauheiten verhindert. Diese Vorstellungen sind in Bezug auf die Oberflächengestalt richtig, entsprechen jedoch nicht der Tatsache, daß die Rauhgipfel nicht als starr anzusehen sind.

Eingehende Forschungen über die Reiberscheinungen sind erst in den letzten Jahrzehnten wieder aufgenommen worden. BEILBY zeigte 1921, daß Polieren und Schleifen zwei wesentlich verschiedene Vorgänge sind. Während beim Schleifen die Oberflächenstruktur erhalten bleibt, entsteht beim Polieren durch das Schmelzen und schnelle Erstarren der Unebenheiten eine amorphe Schicht, die andere Eigenschaften als das darunterliegende Metall hat. Gegenüber dem rein kristallinen Gefüge sind für örtliche Verschweißungen dieser nach BEILBY benannten Schicht wesentlich höhere Drücke erforderlich, woraus sich ihr gutes Gleitverhalten ergibt.

Auf Grund der Untersuchungen von BEILBY kam man zu der Auffassung, daß die Reibung durch molekulare Kräfte zwischen den Oberflächen hervorgerufen werde. HARDY [26] war der Ansicht, daß der Schmierstoff das molekulare Kraftfeld an den festen Oberflächen abbinde und beschränke. Diese Vorstellungen treffen jedoch nur für völlig reine Oberflächen zu, die im Hochvakuum entgast worden sind. Derartige Oberflächen haben aber wesentlich höhere Reibwiderstände als die Flächen technischer Stoffe. Während die Reibwerte von Metallen zwischen $\mu = 0,3 \ldots 1,2$ liegen, fand BOWDEN [6] für Oberflächen, die nach einer Erhitzung im Vakuum wieder abgekühlt waren, Reibzahlen bis zu $\mu = 6$.

In neuester Zeit stellte MING FENG [49] die Theorie auf, daß die Oberflächen der Berührstellen zweier unter Last stehender Metallproben in verschiedenen Richtungen aufgerauht werden und die ineinander verhakten Rauhgipfel dem Gleiten Widerstand leisten. Dabei kann die durch Abscherung der verhakten Aufrauhungen frei werdende Wärme an Stellen hoher Temperaturen zu örtlichen Verschweißungen führen. DRESCHER [16] untersuchte die Vorgänge an den sich berührenden Erhebungen zweier Körper, die sich während der Gleitbewegung abspielen, und vertrat den Standpunkt, daß die Reibung zwischen festen Körpern ein Widerstand gegen Verformungen der sich berührenden Rauhgipfel darstellt.

Die in den vergangenen 20 Jahren von BOWDEN und seinen Mitarbeitern [9] durchgeführten umfangreichen Forschungsarbeiten führten zu neuen Erkenntnissen auf dem Gebiet der trockenen Reibung. Er entdeckte, daß die durch plastisches Fließen bedingte Berührfläche bei vollständig verfestigten Metallen direkt proportional der aufgebrachten Belastung ist, wenn die sich berührenden Rauhgipfel kugelförmig und die örtlichen Formänderungen plastisch sind. Weiterhin stellte er die Unabhängigkeit der wahren Berührfläche (nur an den höchsten Erhebungen) von der Größe der Oberfläche und deren Beschaffenheit fest.

Die wirkliche Berührfläche ist bei niedriger Last sehr klein, der Druck an den Kontaktstellen jedoch sehr hoch, so daß die Rauhgipfel so lange verformt werden, bis die Fläche groß genug ist, um die äußere Belastung zu tragen. Wegen der hierbei auftretenden plastischen Formänderung gilt für die wahre Berührfläche F' die Beziehung

$$F' = \frac{N}{\sigma_m} \qquad (1)$$

wobei N die Normalkraft und σ_m die mittlere Fließspannung der Rauhgipfel des weicheren Werkstoffes darstellen.

Wie die Versuche des englischen Physikers ergaben, führt der hohe Druck, unter dem die Gipfel der Berührstellen stehen, zu örtlichen Adhäsionen und Kaltverschweißungen der Metallflächen. Beim Übereinandergleiten zweier Körper werden die zusammengeschweißten Berührstellen wieder voneinander getrennt und der härtere Werkstoff wird wie bei einem Zerspannungsprozeß durch das weichere Material hindurchgeschoben. Diese Entdeckungen veranlaßten BOWDEN und TABOR, den als Reibung bezeichneten Widerstand in einen Scheranteil und einen Furchungsanteil zu unterteilen. Aus den von BOWDEN [9] angestellten Untersuchungen geht hervor, daß die durch die Furchenbildung bedingte Kraft nur einen geringen Teil des gesamten Reibwiderstandes darstellt und mit steigender Härte der Werkstoffe abnimmt. Wenn der Furchungsanteil vernachlässigt werden kann, wird die Reibkraft

$$P_R = \tau_M \cdot F' \qquad (2)$$

wobei τ_M die Scherfestigkeit der an den Berührstellen entstandenen metallischen Verbindungsbrücken bedeutet. Nach den Gleichungen (1) und (2) wird die Reibzahl

$$\mu = \frac{P_R}{P_N}$$

für die Trockenreibung durch die Eigenschaften der Grundmasse der gepaarten Metalle

$$\mu_T = \frac{\tau_M}{\sigma_m} \qquad (3)$$

Da das Abscheren innerhalb des weicheren Werkstoffes erfolgt, wird der Reibwert zu einer Funktion der physikalischen Eigenschaften des weicheren Körpers. Hieraus ergibt sich nach Gleichung (3), daß der Reibwert der trockenen Reibung gleich dem Verhältnis der Scherfestigkeit des weicheren Werkstoffes zu der mittleren Fließspannung seiner Rauhgipfel ist. Die Reibzahlen liegen im allgemeinen zwischen 0,6 und 1,2. Da sich τ_M und σ_m als Festigkeitseigenschaften eines gleichen Werkstoffes gemeinsam ändern, ist die Reibung von der Temperatur unabhängig, solange durch die Erwärmung die Fremdschichten an der Oberfläche nicht zerstört werden. Trägt man ein weiches Metall mit niedriger Scherfestigkeit in dünner Schicht auf ein hartes Metall mit einer hohen mittleren Fließspannung auf, so ergibt sich nach Gleichung (3) ein niedriger Reibwert. Diese Kombinationsmöglichkeiten werden z.B. bei der Verwendung von Bleibronzelagern angewendet, in denen das Kupfer den Trägerwerkstoff bildet und das Blei in dünner Schicht auf der Oberfläche verschmiert wird. Auf dem gleichen Prinzip scheint die Schmierwirkung der seit einiger Zeit in der Gesenkschmierung angewendeten festen Schmiermittel wie Graphit und Molybdän-Disulfid zu beruhen.

Bei der Verwendung von Schmiermitteln unterscheidet man die drei Schmierzustände

Grenzschmierung: $\mu = 0,1 ... 0,3$
Mischschmierung: $\mu = 0,01 ... 0,1$
Vollschmierung: $\mu \leq 0,01$

Reibwerte über 0,3 kennzeichnen den Zustand der trockenen Reibung. Die Grenzschmierung liegt als halbtrockene und die Mischschmierung als halbflüssige Schmierung zwischen den beiden Grenzfällen Trockenreibung und Flüssigkeitsreibung.

Grenzschmierung

Nach FINCH [17] sind bei dem Aufeinandergleiten zweier geschmierter Metalloberflächen mehrere Schichten beteiligt (Abbildung 1). Die Reibvorgänge verändern das Kristallgitter des Metalls an der Oberfläche und

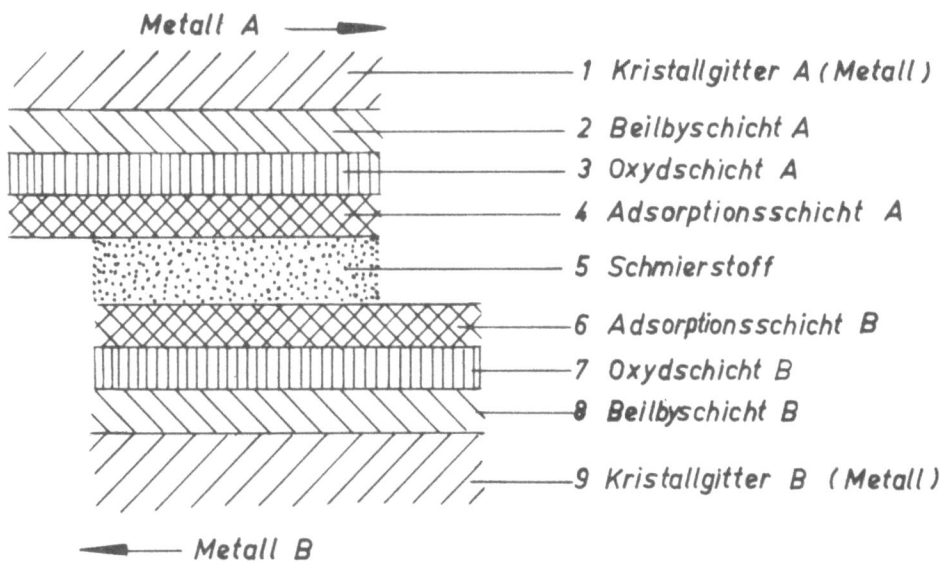

Abbildung 1
Schichten zweier geschmierter Metalloberflächen
bei Grenzschmierung nach FINCH

bilden durch das Schmelzen und sehr schnelle Erstarren der Berührstellen der beiden gegeneinander reibenden Körper eine Schicht, die anders als das darunterliegende Metall ist. Indes konnte bisher nicht eindeutig geklärt werden, ob die Beilby-Schicht aus sehr feinen Kristallen besteht oder amorph ist. Immerhin ergaben Untersuchungen, daß die dünnen Schichten im Laufe der Zeit rekristallisieren können, da der amorphe Zustand instabil ist.

Unter der Einwirkung des Luftsauerstoffes bilden sich bei niedrigen Temperaturen auf den Oberflächen der meisten Metalle sehr schnell schützende Oxydschichten, die eine unmittelbare metallische Berührung der Gleitflächen verhindern und die Reibung stark verringern. Die Oxydschichten haften auf Grund der molekularen Anziehungskräfte besonders fest an den Oberflächen von Metallen hoher Festigkeit und reißen auch bei geringer Gleitgeschwindigkeit und hohen Flächenpressungen nicht ab. Da bei der Verwendung von legierten Ölen neben Oxyden auch andere chemische Verbindungen wie Chloride, Sulfide und Phosphate, entstehen können, ersetzt DIERGARTEN[15] die Bezeichnungen "Oxydschicht" durch den allgemeineren Begriff "Zwischenstoff". Die adsorbierten Gas- und Wasserschichten weisen die gleichen Eigenschaften wie die Oxydschichten auf, gehen im Gegensatz zu den letzteren aber keine chemischen Reaktionen mit den Oberflächen ein.

Veränderungen der Metallstruktur, die bei dem Aufeinandergleiten der Oberflächen durch Erwärmung oder Druck hervorgerufen werden, berücksichtigt das in Abbildung 1 dargestellte Schema nicht.

Unter Grenzreibbedingungen ist der Reibwiderstand von der unter der Grenzschicht liegenden Oberfläche und dem chemischen Aufbau des Schmiermittels abhängig. BOWDEN und Mitarbeiter [8] stellten fest, daß bei der Schmierung von aktiven Metallen wie Kupfer, Zink, Eisen, Magnesium und Aluminium mit Fettsäure chemische Reaktionen zwischen der Säure und dem Oxydfilm der Oberfläche eintreten, die zur Bildung von Metallseifen führen. Diese Seifenschichten entstehen durch Chemisorption, bei der die Metallatome nicht wie bei der ungehemmten chemischen Reaktion aus dem Metallgitter gelöst werden. Die Metallseifen weisen gute Schmiereigenschaften auf und besitzen einen starken seitlichen Zusammenhang, der den Gleitflächen einen guten Schutz gewährt. Ihr Erweichungspunkt liegt höher als der Schmelzpunkt der reinen Säure, wodurch die Grenzschicht ihre Schmierfähigkeit bis zu hohen Temperaturen behält. Sehr oft vermindert schon eine monomolekulare oder wenige Moleküle dicke Schicht die metallische Berührung sehr wirksam. Bei nicht aktiven Metallen wie Platin, Gold, Silber, Chrom und Nickel wurden dagegen keine chemischen Reaktionen beobachtet. Die Fettsäuren schmierten hier nicht besser als reines Paraffinöl.

Diese Ergebnisse lassen erkennen, daß der Reibwiderstand geschmierter Metalle nicht allein auf dem Übereinandergleiten monomolekularer Schmierschichten beruhen kann, sondern auch stark durch die Eigenschaften der Grundmasse der betreffenden Metalle beeinflußt wird.

REHBINDER [24, 56] führt die Schmierwirkung auf das Eindringen oberflächenaktiver chemischer Stoffe in die Oberflächenporen zurück, die bei Belastung entstehen. Durch die sich im Laufe der Zeit vergrößernden

Risse wird die Metalloberfläche mit Schmierstoff angereichert, wodurch der Reibwiderstand verringert und der Verschleiß erhöht wird.

Wie wir gesehen haben, wird bei der Belastung zweier geschmierter Metallkörper durch plastisches Fließen eine Berührfläche gebildet, deren Querschnitt die Normalkraft zu tragen vermag. Das Schmiermittel, das unter hohem Druck zwischen den beiden Oberflächen eingeschlossen wird, bildet stellenweise einen Film von molekularen Dimensionen. Da der Druck nicht gleichmäßig über der gesamten Kontaktfläche verteilt ist, treten örtliche Unterbrechungen des Schmierfilms ein, die zu metallischen Adhäsionen führen. Die Belastung wird jetzt von dem Schmierstoff und der metallischen Verschweißung gemeinsam getragen und man kann nach BOWDEN [9] den Reibwert der Grenzreibung wie folgt ausdrücken:

$$\mu_G = a \frac{\tau_M}{\sigma_m} + (1-a) \frac{\tau_G}{\sigma_m}$$

wobei a den Flächenanteil darstellt, über den der Schmierfilm unterbrochen ist und τ_M die Scherfestigkeit der metallischen Verbindungsbrücken und τ_G die Scherfestigkeit der schmierenden Grenzschicht bedeuten. Wenn bei einem guten Schmiermittel der Flächenanteil des metallischen Kontaktes a auch sehr klein wird, so können die Metall-Verbindungen gegenüber dem Schmierstoff doch eine so große Scherfestigkeit aufweisen, daß sie einen nicht zu vernachlässigenden Anteil des Reibwiderstandes bilden.

Mischschmierung

Wird bei dem Aufeinandergleiten zweier geschmierter Metallkörper ein Teil der Flächenbelastung hydrodynamisch getragen, liegt der Zustand der Mischschmierung vor. Die Rauheitstäler in der Oberfläche sind so mit Schmierstoff gefüllt, daß sich beim Gleiten hydrodynamische Staudrücke in diesen Schmierstoffschichten bilden. Da die Last nicht nur auf Grenzreibfilmen von molekularer Schichtdicke, sondern auch durch hydrodynamische Drücke getragen wird, ist die Viskosität des Schmierstoffes bei der Mischschmierung ebenso wie bei der Vollschmierung von Bedeutung.

VOGELPOHL [74] stellte für die Mischschmierung die Beziehung

$$\mu_M = c \, \mu_G + (1-c) \cdot \mu_H$$

auf, wobei

$$c = \frac{\mu_M - \mu_H}{\mu_G - \mu_H}$$

ist.

Dabei wird mit

μ_M die Reibzahl der Mischreibung

μ_G die Reibzahl der Grenzreibung

μ_H die Reibzahl der hydrodynamischen Schmierung und mit dem Faktor c das Verhältnis bezeichnet, mit dem der Reibwiderstand am Gesamtreibvorgang beteiligt ist.

Vollschmierung

Bei hydrodynamischer Schmierung werden die Reibverhältnisse von den physikalischen Eigenschaften des Schmiermittels wie Druck- und Temperaturabhängigkeit der Viskosität beeinflußt. Die Trennung zweier gegeneinander gleitender Flächen erfolgt hydrodynamisch, wenn das Schmiermittel eine echte Newtonsche Flüssigkeit ist, oder rheodynamisch, wenn es sich um plastisch-viskose Schichten handelt.

Die physikalischen Vorgänge bei der Reibung fester trockener oder unvollständig geschmierter Oberflächen sind so verwickelt, daß trotz der in neuerer Zeit erreichten Fortschritte noch immer viele Vorgänge nicht eindeutig erklärt werden können. Hierfür seien folgende Gründe angeführt:

Die Reibvorgänge werden in starkem Maße von den Bedingungen, unter denen sie ablaufen, beeinflußt und sind daher sehr vielfältig.

Die Reibvorgänge lassen sich nicht rekonstruieren, da die Reibung starke Veränderungen der beteiligten Oberflächen verursacht.

Die Reibvorgänge spielen sich in Bereichen ab, die meßtechnisch nicht mehr einwandfrei zu erfassen sind.

Unter Berücksichtigung der bisherigen Überlegungen kann der in Abbildung 2 schematisch dargestellte Mechanismus der Gesenkschmierung folgendermaßen beschrieben werden.

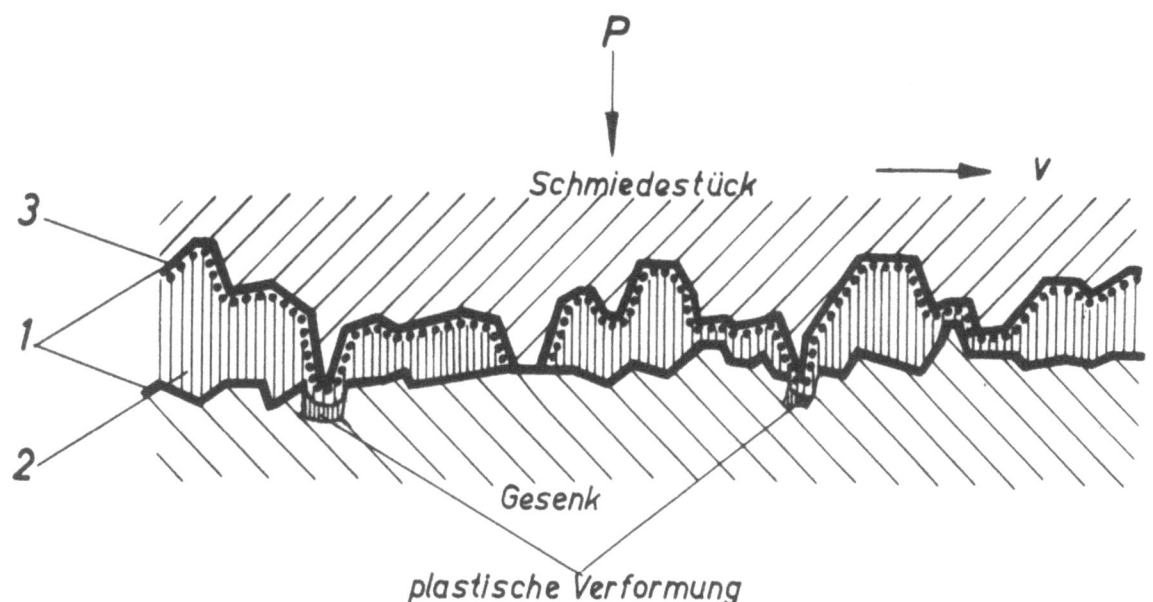

Abbildung 2
Mechanismus der Gesenkschmierung
1 Oxydfilm
2 Schmierstoff
3 Zunderschicht

Der in das Gesenk eingebrachte Schmierstoff wird zwischen der rauhen und verzunderten Oberfläche des Schmiedestücks und der bearbeiteten Gesenkoberfläche eingeschlossen. An den Erhebungen der Oberflächen finden unter dem hohen Druck örtliche Adhäsionen und Verschweißungen zwischen Werkzeug und Werkstück statt. Beim Gleiten durchfurchen die härteren Rauhgipfel der Gesenkoberfläche den weicheren Schmiedestückwerkstoff. Dabei zerstört der am Schmiedegut haftende Zunder stellenweise die dünne Oxydschicht auf dem Gesenk. Der dort offen zu Tage tretende Gesenkwerkstoff wird plastisch verformt. Die häufigen Temperaturwechsel vergrößern die bei der Bearbeitung entstandenen feinen Haarrisse in der Werkzeugoberfläche. Mit der Zeit dringen Zunderteilchen in die Oberflächenporen ein und vergrößern sie durch Schmirgelwirkung bis zur Zerstörung der ursprünglichen oberen Werkstoffschichten.

Wegen der hohen Umformtemperaturen, Umformkräfte und Gleitgeschwindigkeiten kommt es bei der Schmierung von Schmiedegesenken nur selten, und wenn, dann nur örtlich begrenzt, zu einer Ausbildung des Mischreibzustandes; es liegt vielmehr Extrem-Grenzschmierung [1] vor, die durch die unmittelbaren Werkstoffverbindungen an den frisch entstandenen Bruchstellen in den Zustand der trockenen Reibung übergeht. Die Reib- und Schmiervorgänge beim Gesenkschmieden unterliegen folgenden Einflüssen:

1. Chemische Zusammensetzung sowie Gefügezustand und Härte des Gesenkwerkstoffes an der Oberfläche
2. Temperatur der Gesenkoberfläche
3. Makro- und Mikrogeometrie des Gesenkes
4. Zusammensetzung des Schmierstoffes
5. Temperatur des Schmiedegutes
6. Oberflächenbeschaffenheit des Schmiedestückes
7. Chemische Zusammensetzung und Gefügezustand des Schmiedegutes
8. Flächenpressung auf der Berührfläche
9. Gleitgeschwindigkeit auf der Berührfläche.

Daß diese Faktoren allgemein bei den Schmierproblemen in der Umformtechnik eine Rolle spielen, bestätigt PAWLOW [56] für das Walzen.

Eine einwandfreie Beurteilung der Schmierwirkungen in Schmiedegesenken erfordert die Beherrschung sämtlicher auf die Gesenkschmierung einwirkenden Einflußgrößen. Daß jede der vielen Versuchsbedingungen nur zu einem gewissen Teil erfüllt werden kann, wird klar, wenn man sich nur vor Augen führt, wie schwierig es schon ist, die Schmiedetemperatur und die Prüfwerkstoffe gleich zu halten.

---

[1] Nach LUEG und TREPTOW [45] unterteilte H. BLOK die Grenzschmierung in folgende vier Hauptarten:

1. Grenzschmierung bei niedrigem Druck und niedriger Temperatur = milde Grenzschmierung
2. Grenzschmierung bei niedrigem Druck und hoher Temperatur = Hochtemperatur - Grenzschmierung
3. Grenzschmierung bei hohem Druck und niedriger Temperatur = Hochdruck-Grenzschmierung
4. Grenzschmierung bei hohem Druck und hoher Temperatur = Extrem-Grenzschmierung

2.2 Schmierstoff-Untersuchungen

Im Bereich der hydrodynamischen Reibung ist neben der Geometrie der Oberflächen die Viskosität des Schmiermittels das einzige Maß, das die Schmiereignung bestimmt. Bei der Grenzschmierung sind für die Schmierfähigkeit eines Schmierstoffes die unter der Grenzschicht liegende Oberfläche und der chemische Aufbau des Schmiermittels maßgebend. Somit gibt es keine einzelne Kenngröße für die Eignung von Schmierstoffen; im Gebiet der Misch- und Grenzreibung muß jede Aussage hierüber auf die jeweiligen äußeren Bedingungen bezogen werden.

Die Untersuchungsverfahren für die Beurteilung von Schmierstoffen werden in

> physikalisch-chemische Untersuchungen und
> mechanisch-dynamische Untersuchungen

oder in Kurzzeituntersuchungen und
> Langzeituntersuchungen

unterteilt und dienen nach BEUERLEIN [5] entsprechend dem zeitlichen Ablauf folgenden Zwecken:

> Prüfung auf Eignung
> Prüfung auf Gleichmäßigkeit
> Prüfung auf Veränderung.

Die Veränderung der Schmieröle wird als Betriebskontrolle mit Hilfe kurzzeitiger physikalisch-chemischer Untersuchungen (Bestimmung von Neutralisationszahl und Verseifungszahl) geprüft. Die Prüfung auf Gleichmäßigkeit der Schmierstoffe, die während der Fertigung und nach Eingang beim Verbraucher vorgenommen wird, erfolgt wie bei der Veränderungskontrolle über physikalisch-chemische Untersuchungen, mit denen von Schmierölen Dichte, Flammpunkt, Viskositäts-Temperatur-Verhalten, Stockpunkt, Emulgierbarkeit und Neutralisationszahl und von Schmierfetten Tropfpunkt, Penetration, Aschegehalt und Wasserbeständigkeit bestimmt werden. Die Eignungsprüfung, mit der allein sich diese Arbeit befaßt, geht der Anwendung voraus und ist im Gegensatz zu den Gleichmäßigkeits- und Veränderungsprüfungen im allgemeinen verhältnismäßig langwierig.

Während die physikalisch-chemischen Untersuchungsmethoden genormt und somit Prüfungsergebnisse verschiedener Laboratorien vergleichbar sind, bestehen in dieser Hinsicht bei den mechanisch-dynamischen Untersuchungen noch große Schwierigkeiten.

Da die theoretischen Zusammenhänge der Grenzreibung nicht bekannt sind, wird die Schmierfähigkeit von Schmierstoffen in diesem Bereich mit mechanisch-dynamischen Untersuchungen geprüft, die eine mit der praktischen Erfahrung übereinstimmende Kennzeichnung der Schmiermittel zulassen. Die physikalisch-chemischen Methoden erlauben für diesen Bereich keine Rückschlüsse auf das mutmaßliche Verhalten der Schmiermittel in der Praxis und werden nur für die Gleichmäßigkeitskontrolle von solchen Schmierstoffen verwendet, die bei der Eignungsprüfung allseitig zufriedenstellende Eigenschaften ergeben haben. Da Untersuchungen von Grenzreibvorgängen an Maschinen im praktischen Betrieb wegen der Überlagerung mehrerer unerwünschter Einflüsse zu falschen Versuchsergebnissen führen können, wurde eine Reihe von Prüfmaschinen für die Untersuchung der Schmiereignung von Schmierölen für das Gebiet der Misch- und Grenzreibung einwickelt. Die von BEUERLEIN aufgestellte Übersicht [5] über die Prüfbereiche verschiedener mechanischer Schmierstoffprüfgeräte wurde für das Gebiet der Umformtechnik erweitert und ihre Wirkungsweise in Abbildung 3 schematisch dargestellt.

Während die Gleitlagerprüfstände zur Prüfung auf Schmierfähigkeit für den Zustand der hydrodynamischen Schmierung dienen, werden für die Untersuchung von Grenzreibvorgängen verschiedene Prüfmaschinen verwendet. Die in Abbildung 3 aufgeführten Schmierstoffprüfgeräte für das Gebiet der Misch- und Grenzschmierung sind in zwei Klassen unterteilt und nach Belastung und Gleitgeschwindigkeit geordnet. Bei der Klasse A bewegen sich die Prüfkörper gegeneinander und bei der Klasse B wird zwischen den Prüfteilen Werkstoff umgeformt. Hierbei betrachten wir nach KIENZLE das Umformen als die geometrische (nämlich durch Werkzeuge) bestimmte Änderung einer Form im festen Zustand unter Beibehaltung der Masse.

Die Prüfmaschinen für die Verfahren ohne Werkstoffumformung lassen sich in drei Gruppen aufteilen, von denen die erste Prüfgeräte für niedrige Belastungen und Gleitgeschwindigkeiten umfaßt. In diese Gruppe gehören die Geräte von BOWDEN [9], MERCHANT und WOJTOWICZ [76], mit denen der Reibwiderstand und der Verlauf der Reibkraft bis zu einer Gleitgeschwindigkeit von 0,01 mm/s herunter von Stahl auf Stahl, Stahl auf Grauguß und Grauguß auf Grauguß bestimmt wird. Bei dem BOWDEN-Prüfgerät liegt Punktberührung, bei den anderen beiden Verfahren Flächenberührung vor.

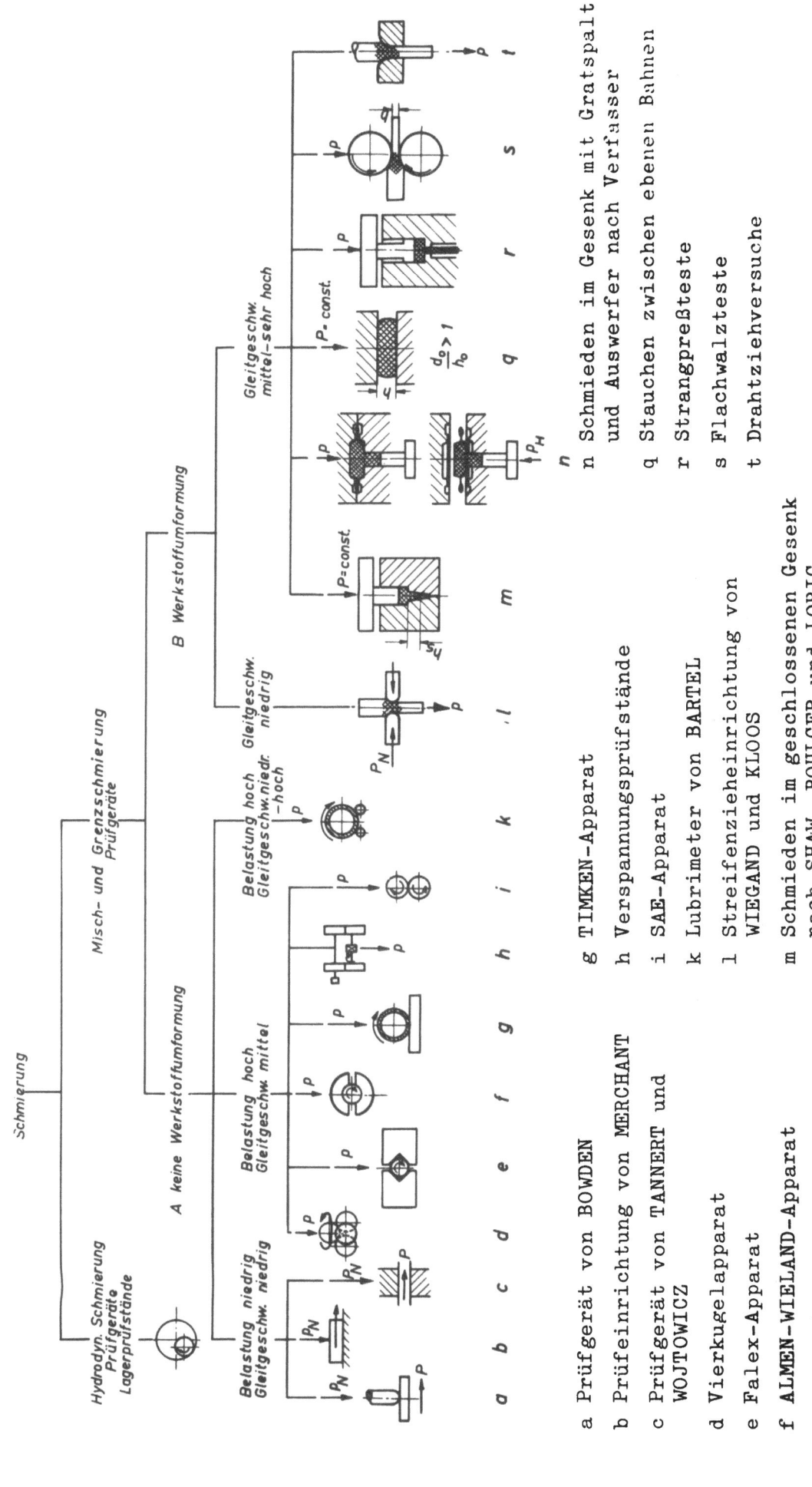

Abbildung 3

Prüfbereiche mechanischer Schmierstoffprüfgeräte

In der zweiten Gruppe sind sechs Prüfmaschinen für hohe Belastungen und mittlere Gleitgeschwindigkeiten aufgeführt. Im Vierkugelapparat läuft bei konstanter Drehzahl eine gehärtete Stahlkugel auf drei Gegenkugeln (Punktberührung). Bei diesem Test wird einmal die Laststufe ermittelt, bei der das Schmiermittel 1 min lang ein Zusammenschweißen der Kugeln verhindert, und zum anderen festgestellt, bei welcher Laststufe der Verschleiß nach 2,5 s einsetzt. Das Falex-Gerät benutzt einen Lagersatz, bei dem ein weicher Stahlzapfen zwischen zwei gehärteten Stahlprismen bei konstanter Drehzahl unter drei Laststufen läuft (Linienberührung). Gemessen wird das Durchhalten über alle drei Laststufen und der Verschleiß. Die ALMEN-WIELAND-Maschine besteht aus einem kleinen Lagersatz (6,5 ∅ mm - Bohrung) mit der Paarung Stahl auf Stahl (Flächenberührung) und ermittelt bei konstanter Drehzahl die beim Fressen auftretende Last. Mit dem TIMKEN-Apparat, in dem eine gehärtete Stahlrolle auf einem gehärteten Stahlblock läuft (Linienberührung), wird bei stufenweiser Laststeigerung diejenige Laststufe bestimmt, die nach 10 min keine nennenswerten Riefen hervorgerufen hat. Ferner können der Verschleiß gemessen und die Drehzahl verändert werden. Auf den Verspannungsprüfständen wird die Last in Stufen gesteigert und die Fließlast und der Verschleiß an einem gehärteten Zahnradpaar (Linienberührung) ermittelt. Der SAE-Apparat verwendet zwei gehärtete Stahlrollen (Linienberührung), von denen eine mit konstanter Drehzahl angetrieben wird. Bei allmählicher Lasterhöhung werden Freßlast und Verschleiß bestimmt.

Auf die dritte Gruppe entfallen die Prüfeinrichtungen für hohe Belastungen und Gleitgeschwindigkeiten. In dem von BARTEL [1] entwickelten Lubrimeter läuft ein gehärteter Stahlhohlbolzen auf zwei gehärteten Stahlrollen (Linienberührung). Über einen elektronischen Schreiber werden die Reibkräfte und deren Verlauf aufgenommen. Der Verschleiß wird durch die Bestimmung des Gewichtsverlustes der beiden Festrollen gemessen. Das Gerät verfügt über einen sehr großen Drehzahlbereich [2)] und erreicht bei einer Gleitgeschwindigkeit von 0,2 m/s in der letzten Laststufe eine effektive Flächenpressung von mehr als 40 kp/mm^2. Da der Prüfbolzen von innen beheizt werden kann, läßt sich mit dem Lubrimeter die Schmiereignung von Schmierstoffen bis zu Temperaturen von 800°C untersuchen [2].

Die aufgeführten Prüfgeräte für die Untersuchung von Grenzreibvorgängen ohne Werkstoffumformung stellen die bekanntesten dar, sie sind von GLAUBITZ [20] und DIERGARTEN [15] eingehend beschrieben worden. Daneben sind im Schrifttum [14, 69] noch andere Prüfeinrichtungen bekannt geworden, auf die hier jedoch nicht eingegangen wird.

Die Flächenpressungen, die mit allen diesen Prüfmaschinen erreicht werden, liegen wesentlich niedriger als die Fließgrenzen der jeweils aufeinander gleitenden Oberflächen. Die Schmierstoffe verhalten sich entsprechend ihrem Druckaufnahmevermögen unter hohen Flächenpressungen anders als unter Flächendrücken unterhalb der Fließgrenze. Daher reichen die vorgenannten Prüfverfahren für eine eindeutige Bewertung des Reibverhaltens der Gleitschichten unter den in der Umformtechnik auftretenden hohen Flächenpressungen nicht aus.

[2)] (3000 U/min bis 1/5000 U/min)

Aus diesem Grund ist in Abbildung 3 die Klasse B für das Prüfen der
Schmierfähigkeit von Schmierstoffen bei der Umformung von Werkstoffen
hinzugenommen worden. Hierbei werden Prüfeinrichtungen verwendet, die
in Werkzeugmaschinen oder Universal-Prüfmaschinen eingebaut werden. Die
Beurteilung des Schmiererfolges durch ein Prüfverfahren ist umso sinnvoller, je genauer die Prüfbedingungen dem praktischen Anwendungsfall
angepaßt sind. Hierzu gehören die richtige Auswahl von Flächenpressung
und Gleitgeschwindigkeit ebenso wie die Beachtung der Übereinstimmung
der Berührverhältnisse, d.h., ob Flächen-, Linien- oder Punktberührung
mit oder ohne Umformdruck vorliegen. Diese Forderungen erfüllen am besten Prüfeinrichtungen, die unmittelbar an den praktischen Anwendungsstellen eingesetzt werden können. Die Erstellung von Prüfmaschinen, mit
denen die bei der Umformung auftretenden hohen Flächenpressungen und
die mit der Warmumformung verbundenen hohen Temperaturen einwandfrei
beherrscht werden, wäre nur unter einem großen Aufwand möglich und würde darauf hinauslaufen, eine Warmumformmaschine mit universalen Einstellmöglichkeiten zu schaffen.

Die Verfahren zur Untersuchung von Misch- und Grenzreibvorgängen mit
Werkstoffumformung sind in zwei Prüfbereiche mit niedriger und mittlerer bis sehr hoher Gleitgeschwindigkeit unterteilt. Da die Untersuchungsmethoden der letzten Gruppe bei Raumtemperatur oder am erwärmten Werkstück durchgeführt werden können, sind die Prüfgeräte nicht in Verfahren für die Kaltumformung und Warmumformung eingeteilt, sondern nach
der von KIENZLE [36] aufgestellten Ordnung der Umformverfahren aufgeführt, die von der hauptsächlich wirkenden Umformkraft ausgeht.

Die Streifenzieheinrichtung von WIEGAND und KLOOS [75], ermöglicht die
Ermittlung des Reib- und Verschleißverhaltens von Gleit-Zwischenschichten bei der Kaltumformung im Tiefziehverfahren. Bei einer Gleitgeschwindigkeit von 0,0025 m/s werden Flächenpressungen bis zu 200 kp/mm^2 erreicht. Eine ähnliche, jedoch nur für Flächenpressungen bis 25 kp/mm^2
ausgelegte Versuchseinrichtung wurde von RHEILE [61] für Untersuchungen
über das Verhalten des Gleitreibwertes von Tiefziehblechen verwendet.

SHAW, BOULGER und LORIG [67] verwendeten für die Ermittlung der Schmierfähigkeit von Schmierstoffen beim Gesenkschmieden ein geschlossenes Gesenk, das mit einer T-förmigen Gravur versehen war. Die beiden mit zwei
Paßstiften zusammengefügten Gesenkhälften (Abbildung 5) waren in den
Gesenkhalter der in Abbildung 4 dargestellten Versuchseinrichtung ein-

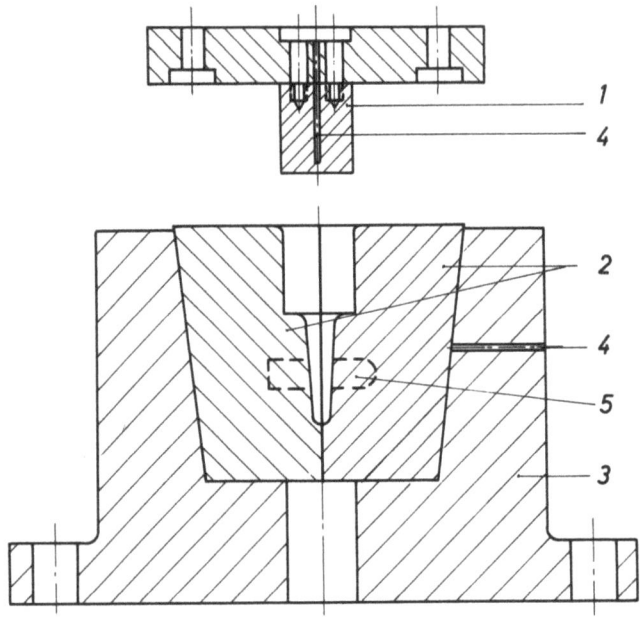

Abbildung 4

Versuchseinrichtung zur Eignungsprüfung von
Gesenkschmiermitteln nach SHAW, BOULGER und LORIG

1 Stempel   2 Untergesenk   3 Gesenkhalter
4 Bohrung für Thermoelement   5 Paßstift

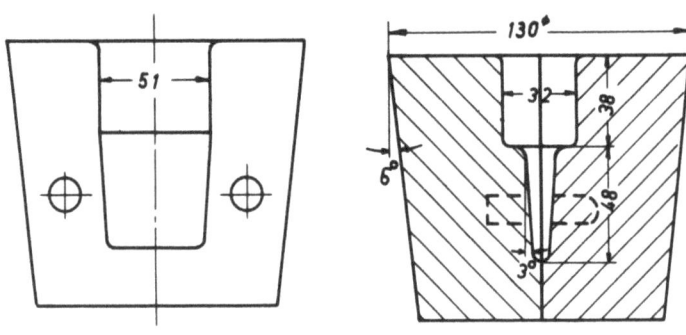

Abbildung 5

Gesenk zur Eignungsprüfung von Gesenkschmiermitteln
nach SHAW, BOULGER und LORIG

gepreßt; mit den im Stempel und Gesenk angebrachten Thermoelementen wurden die Temperaturen der mit Gasringbrennern erwärmten Werkzeuge gemessen. Die zylindrischen Proben aus Stahl, Aluminium, Magnesium und Titan mit einem Durchmesser-Höhenverhältnis von $d_o/h_o = 0,5$ bei $d_o = 25,4$ mm wurden in einer hydraulischen Presse mit einer Preßkraft von 52 Mp und einer Stößelgeschwindigkeit von 0,01 m/s geschmiedet. Als Maß für die Schmiereignung eines Schmiermittels wurde das Steigen des Schmiedewerkstoffes in der Gravur benutzt.

SACHAROW und GLUSTSCHENKO [62] wählten für ihre Untersuchungen von Gesenkschmiermitteln das Stauchen zylindrischer Proben in Matrizen von der in Abbildung 6 dargestellten Form. Sie führten die Versuche in einer hydraulischen Presse mit einer größten Preßkraft von 400 kp und einer Stößelgeschwindigkeit von nur 0,001 m/min durch. Die für das Ausstoßen der gestauchten Probe aus der Matrize benötigte Kraft wurde als Haftkraft bezeichnet und stellte den Kennwert für die Schmiereignung des Schmierstoffes dar.

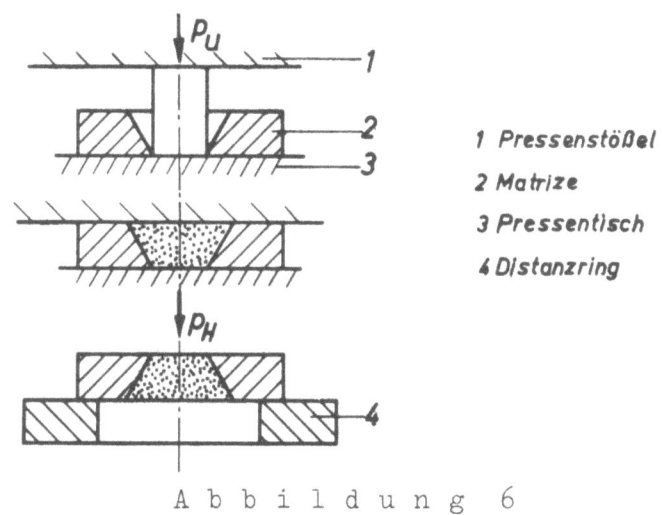

1 Pressenstößel
2 Matrize
3 Pressentisch
4 Distanzring

Abbildung 6

Versuchseinrichtung zur Untersuchung von
Gesenkschmiermitteln nach SACHAROW und GLUSTSCHENKO

Diese Untersuchungen leiden an der viel zu kleinen Geschwindigkeit, die nur etwa 1/200 000 der Werkzeuggeschwindigkeit in einem Gesenkhammer beträgt.

Eigene Versuche beim Schmieden in Gesenken mit Gratspalt wurden daher in einer Presse und einem Hammer vorgenommen; dabei wurden Kraft- und Arbeitsbedarf in Abhängigkeit von der Schmierung (Abb. 3) gemessen. Mit dem Ausstoßen des Werkstückes aus der Gravur wurde gleichzeitig die mit dem Schmierstoff veränderliche Haftkraft zwischen Gesenk und Schmiedestück als Maß für die Schmierfähigkeit ermittelt. Die hierzu durchgeführten Untersuchungen werden in den Abschnitten 3 und 4 näher behandelt.

Die Bestimmung des beim Gesenkschmieden auftretenden Gasdrucks mit der im Abschnitt 5 beschriebenen Versuchseinrichtung ermöglicht zusätzlich die Beurteilung der Treibwirkung von gasentwickelnden Stoffen. Da mit dieser Untersuchungsmethode nur die im Gesenk auftretenden Treibkräfte gemessen werden können, wurde das Verfahren nicht in der in Abbildung 3 dargestellten Übersicht mit aufgenommen.

Als einfachster Schmiedevorgang wurde das Stauchen zwischen ebenen Bahnen von mehreren Seiten als Prüfverfahren für Schmiermittel herangezogen. Nach LOEBNITZ [43] wird in verschiedenen ausländischen Schmieden die Breitung einer zylindrischen Probe im Gesenk nach einer bestimmten Anzahl von Schlägen als Güteprüfung für die Schmierung benutzt. PFENDER [58] stauchte bei einer Geschwindigkeit von 0,5 mm/s zwischen ebenen parallelen Stauchbahnen Proben aus Weichblei. Aus der sich bei einer Endlast von 2 Mp ergebenden Probendicke h wird mit Hilfe der SIEBEL'-schen Gleichung

$$P = F \cdot k_f \left(1 + \frac{2}{3} \mu \cdot \frac{r}{h} \right)$$

der Reibwert μ bestimmt. Als Maß für die Wirksamkeit der Schmierstoffe wählte PFENDER den Schmierwert μ^{-1} als Kehrwert des Reibwertes μ, den Gleichförmigkeitsgrad $ß = (r_{min}/r_{max})^2$ (r_{min}/r_{max} = Halbmesserverhältnis der gestauchten Bleiproben) und den Gütewert $ß/\mu$.

Auch SHAW, BOULGER und LORIG [67] stauchten in einer hydraulischen Presse zylindrische Proben mit einem Verhältnis d_o/h_o = 0,67 bei d_o = 25,4 mm von h_o = 38 mm auf h_1 = 19 mm entsprechend φ_{ol} = 0,7 zwischen ebenen Bahnen. Der Kraftverlauf wurde von einem mit Dehnmeßstreifen versehenen Geber aufgezeichnet und die Differenz zwischen dem Durchmesser in der Mitte und den Durchmessern an den Preßflächen der gestauchten Probe als "Stauchindex" angenommen. Eine konkav ausgebildete Probe ergab einen negativen Stauchindex, der eine niedrige Reibung zwischen den Stauchbahnen und den Probenstirnflächen anzeigte. Da die mit diesem Verfahren erzielten Flächenpressungen verhältnismäßig klein waren, stimmten die Ergebnisse nicht mit den Werten überein, die sich aus den Versuchen mit dem bereits oben beschriebenen Test beim Schmieden im geschlossenen Gesenk (Abb. 5) ergaben [3]. SHAW und Mitarbeiter führten daraufhin Stauchversuche durch, bei denen die Flächenpressungen denjenigen Flächendrücken entsprachen, die beim Schmieden im geschlossenen Gesenk aufgetreten waren. Es wurden Proben mit dem Verhältnis d_o/h_o = 2 (d_o = 25,4 mm) bis zu einer Endlast von 62,5 Mp gestaucht und die sich

---

[3] Ähnliche Beobachtungen wurden bei eigenen im Abschnitt 3.1 beschriebenen Versuchen beim Stauchen zylindrischer Stahlproben zwischen ebenen Bahnen gemacht.

ergebende Probendicke als Maß für die Schmiergüte des Schmierstoffes gewählt. Die dabei erzielten Ergebnisse zeigten, daß die Schmiermittel, die im geschlossenen Gesenk ein gutes Steigen des Schmiedewerkstoffes bewirkten, auch dünnere Proben beim Stauchen zwischen ebenen parallelen Bahnen ergaben.

Mit dem von SHAW, BOULGER und LORIG [67] entwickelten Strangpreßtest (Abb. 3) wurden Schmiermittel auf ihre Eignung für das Strangpressen von Aluminium und Magnesium untersucht. Maße für die Schmierfähigkeit waren der von einer Kraftmeßdose aufgezeichnete Verlauf der Preßkraft sowie der Oberflächenzustand des gepreßten Stranges.

LUEG und FUNKE [44] führten im Versuchswalzwerk des Max-Planck-Instituts für Eisenforschung in Düsseldorf Kaltwalzversuche mit verschiedenen Schmierstoffen bei einer gleichbleibenden Walzgeschwindigkeit von 0,1 m/s durch. Zur Beurteilung der Schmierwirkung wählten sie die nach sechs Stichen erreichte Gesamtdickenabnahme des Walzgutes und die bezogene Zunahme der Gesamtumformung gegenüber dem trockenen Walzvorgang. Der Reibwert im ersten Walzstich wurde abgeschätzt und der Zusammenhang zwischen mittlerem Formänderungswiderstand und Formänderung durchleuchtet.

Für die Bewertung von Schmierstoffen für das Ziehen von Stahldraht (Abb. 3) verwandten LUEG und TREPTOW [73, 45] als Kennwert die auftretende Ziehkraft, die Zahl der erreichbaren Züge und die Temperatur im Ziehhol. RANGER und WISTREICH [59] bewerteten die Schmierfilmeigenschaften nach der Größe des elektrischen Widerstandes an der Stelle des Überganges von der Drahtoberfläche zur Ziehsteininnenfläche. Der Verschleiß wurde bei diesen Verfahren nicht als Kriterium herangezogen.

Diese mechanisch-dynamischen Schmierstoffprüfeinrichtungen sind verhältnismäßig einfach und geben schnell eine Überprüfung hinsichtlich Reibung und Schmierung. Die beschriebenen Methoden weisen darauf hin, daß man sich grundsätzlich des jeweiligen Umformverfahrens selbst bediente.

Es sei jedoch darauf hingewiesen, daß die Angaben über die Schmierfähigkeit weitgehend von den Prüfkörpern beeinflußt werden; daher sind neben den chemischen Eigenschaften auch der Gefügezustand, die Härte und die Oberflächenbeschaffenheit der Prüfelemente von großer Bedeutung. Auch ist es wichtig, _neue_ Prüfkörper zu verwenden oder die von früheren Versuchen noch vorhandenen Resteinflüsse durch mechanisches Nacharbeiten der Elemente zu beseitigen. Wenn diese Bedingungen berücksichtigt werden, können mit betriebsnahen Kurzprüfverfahren gute Aussagen über die Grenzreibung gemacht werden.

Da, wie schon oben erwähnt, die Schmierwirkung nicht mit einem einzelnen Wert zu umreißen ist, wurden in dieser Arbeit die Schmierwirkungen beim Schmieden von Stahl in Gesenken mit Gratspalt in drei Hinsichten untersucht:

>Bestimmung des Kraft- und Arbeitsbedarfes,
>Messung der Haftkraft zwischen Gesenk und Schmiedestück
>und
>Ermittlung des im Gesenk auftretenden Gasdruckes.

Nach einer Voruntersuchung in Kurzprüfverfahren wurden als abschließende Prüfung die in der Praxis durchgeführten Langzeitprüfungen über die

>Wirkung der Schmierung auf den Gesenkverschleiß

herangezogen. Der Verfasser glaubt, daß diese mehrartigen Untersuchungen eine Beurteilung der Schmierwirkung von Schmierstoffen beim Gesenkschmieden zulassen.

2.3 Schmierstoffe für die Gesenkschmierung

Die Aufgaben, die die Schmierstoffe beim Gesenkschmieden zu erfüllen haben, werden in dem Schema auf Seite 29 dargestellt.

Mit der Verminderung der Reibung zwischen Gesenk und Schmiedestück wird die Umformarbeit verringert. Zwischen Reibung und Verschleiß besteht allgemein keine Abhängigkeit; nicht selten hat die Herabsetzung der Reibung einen erhöhten Verschleiß zur Folge. Daher ist es mit gewissen Ausnahmen, wie beispielsweise des Walzens, für die Praxis wichtiger, den Werkzeugverschleiß zu vermindern als die Reibverhältnisse zu verbessern.

Da mit steigender Temperatur die Festigkeit des Gesenkwerkstoffes abnimmt, wird seine Standmenge besonders stark durch die Temperaturbeanspruchung beeinflußt. STÖTER [72] wies in seiner Untersuchung über die Beanspruchung der Gesenke durch Druck und Wärme nach, daß der Gesenkstahl (Werkstoff Nr. 2713) durch die bei jedem Schlag kurzzeitig auftretenden hohen Oberflächentemperaturen angelassen wird. Die Anlaßwirkung

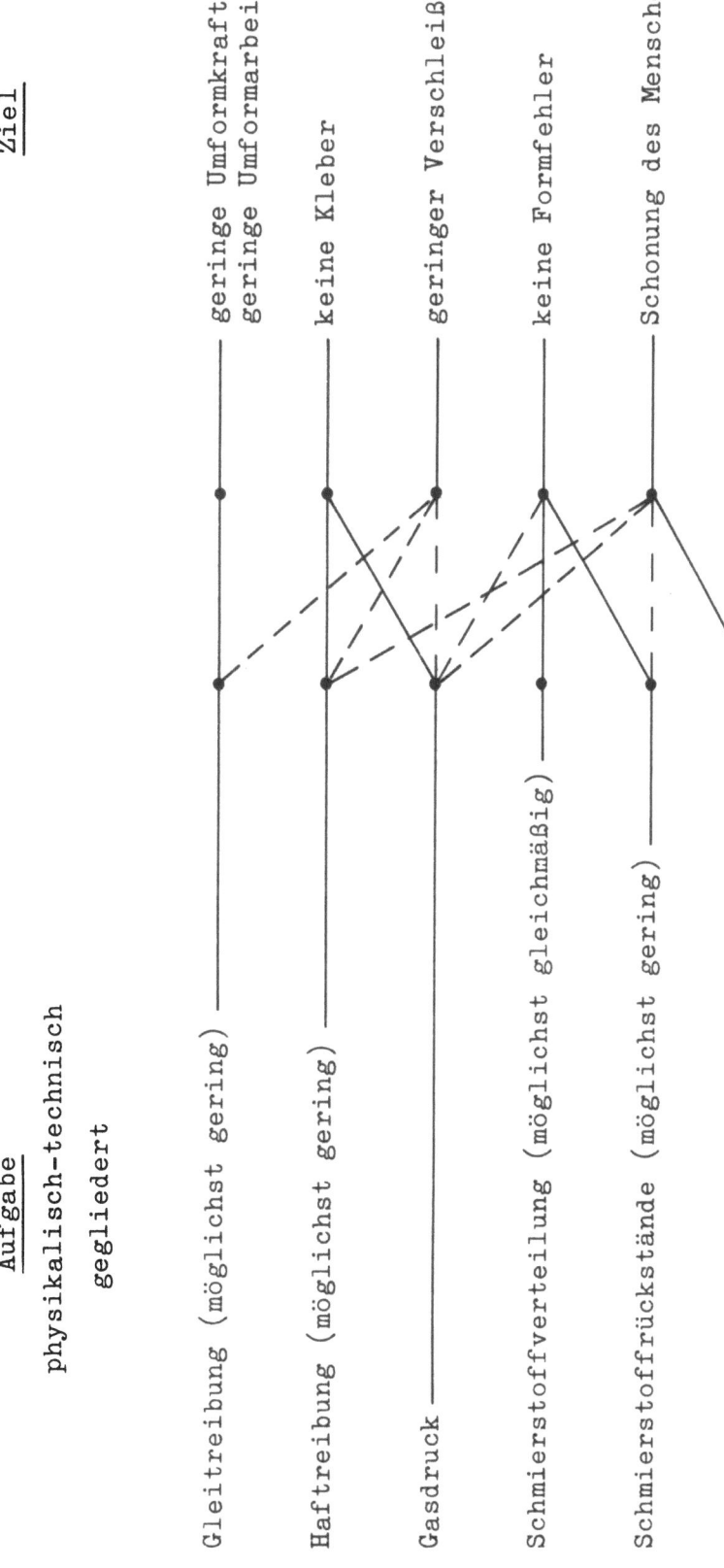

Physikalisch-technische Aufgaben der Schmierstoffe beim Gesenkschmieden

ist am größten, wenn ein Schmiedestück in der Gravur haftet und seine Wärme in das Gesenk abfließt. Hier tritt an die Gesenkschmierung die erste und vordringlichste Aufgabe heran, mit Hilfe geeigneter Zwischenschichten ein Festkleben des Schmiedegutes in dem Gesenk zu verhindern und somit die Voraussetzung für einen betriebssicheren Arbeitsablauf zu schaffen.

Das Lösen der Schmiedestücke erfolgt auf zweierlei Art, nämlich

mit Stoffen, die eine Schmierwirkung aufweisen und
mit Mitteln, die eine Treibwirkung ausüben.

Die Schmiermittel verringern die metallische Berührung zwischen den aneinander gleitenden Flächen und die zwischen Gesenk und Schmiedestück auftretenden Haftkräfte. Infolge der Keilwirkung der Gesenkschrägen und den elastischen Rückfederungskräften der Gesenke werden die Werkstücke aus der Gravur gehoben, wenn ein bestimmter Reibwert unterschritten wird (Abb. 15).

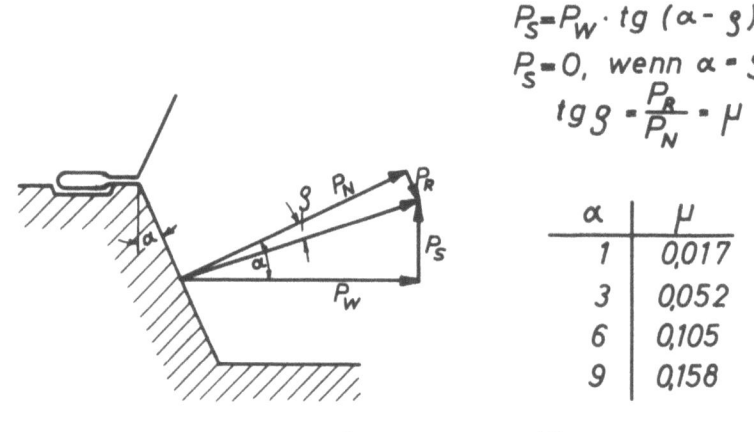

A b b i l d u n g   15

Größtwerte von µ, bei denen sich das Schmiedestück noch allein lösen würde, in Abhängigkeit von der Gesenkschräge

Die Treibmittel verbrennen bei der Berührung mit dem heißen Schmiedegut und bilden in der Gravur Gas- und Dampfpolster, die ein Lösen des Schmiedestückes bewirken. Wie bereits in der Einleitung erwähnt wurde, bezeichnen wir der Einfachheit halber die beim Schmieden wirksamen Zwischenschichten als Schmiermittel, obwohl üblicherweise nicht alle wie z.B. Sägemehl oder Lösungsmittel dazu gerechnet werden.

Wegen der verhältnismäßig niedrigen Gesenkstandmengen haben die Werkzeugkosten beim Gesenkschmieden einen erheblichen Anteil an den Fertigungskosten. Die Werkzeugabnutzung ist am geringsten, wenn die Zwischenschichten metallische Verschweißungen zwischen Gesenk und Schmiedegut verhindern, den Umfang der metallischen Berührstellen vermindern und deren Wachstum beim Gleiten hemmen. Hierfür müssen die Zwischenschichten eine gute Netzfähigkeit für die Bildung eines zusammenhängenden und gut auf der Gesenkoberfläche haftenden Films aufweisen.

Die Schmiermittel müssen für die Verwendung in selbsttätigen Schmieranlagen dünnflüssig sein, weil sie nach jedem Schmiedetakt mit Hilfe geeigneter Vorrichtungen (vgl. Anhang 3) innerhalb kurzer Zeitspannen in die Gesenke eingebracht werden. Sie dürfen sich bei den im Betrieb auftretenden hohen Druck- und Wärmebeanspruchungen nicht zersetzen und sollten in einem weiten Temperaturbereich eine gleichmäßige und geringe Viskosität haben, damit die Schmiedestücke eine gute Oberflächenbeschaffenheit erhalten. Bilden sich durch das Schmieden Rückstände der Zwischenschichten in der Gravur, so wird das Gesenk nicht voll durch den Werkstoff ausgefüllt und das Schmiedestück unbrauchbar.

Schließlich ist darauf zu achten, daß die Dämpfe, die beim Aufsprühen der Zwischenschichten auf die heißen Gesenke entstehen, der Gesundheit der Bedienungspersonen nicht schaden.

Die Schmierstoffe für die Gesenkschmierung werden in folgende Gruppen unterteilt:

     1 Sägemehl
     2 feste Schmierstoffe
      21 in Wasser dispergiert
      22 in Öl dispergiert
     3 konsistente Schmierstoffe
     4 flüssige Schmierstoffe
      41 natürliche Öle
      42 emulgierbare Öle
      43 synthetische Stoffe
     5 Lösungsmittel
     6 Salze

<u>Zu 1. Sägemehl</u>

Die bei der Verbrennung von Sägemehl entstehenden Gase lösen die Schmiedestücke besonders aus tiefen Gravuren mit geringen Neigungswinkeln.

Zu 2. Feste Schmierstoffe

Die beim Gesenkschmieden auftretenden hohen Drücke und Temperaturen liegen im Anwendungsbereich der Feststoff-Schmiermittel. Zu dieser kleinen Gruppe zählen neben Talkum, Glimmer und Schwefel der Graphit als bekanntester und das Molybdän-Disulfid als neuester Vertreter. Mit Titan-Disulfid, Wolfram-Disulfid und Zink-Sulfid werden zur Zeit an verschiedenen Stellen Untersuchungen durchgeführt.

Wie alle festen Schmierstoffe hat auch der Graphit eine blättchenförmige Struktur [18] (Abb. 7). Die Kohlenstoffatome des Graphitgitters sind in schichtweise übereinanderliegenden Ebenen an den Enden von Sechsecken angeordnet. Zwischen je zwei Schichten, deren Moleküle identisch übereinander liegen, ist stets eine Schicht so angeordnet, daß ein Eckpunkt in der Mitte der identisch liegenden Moleküle liegt. Jedes C-Atom wird

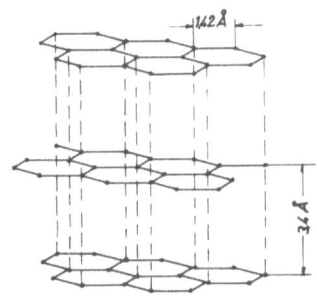

Abbildung 7
Kristallstruktur von Graphit nach FINCH und WILMAN

von weiteren vier C-Atomen umgeben. Da drei Atome mit dem Zentralatom in einer jeweiligen Entfernung von 1,42 Å (1 Å = 10^{-7} mm = 0,1 nm [4]) in einer Ebene liegen, das vierte jedoch 3,4 Å in der nächsten Schicht entfernt ist, sind die Kräfte, die die Atome innerhalb einer Ebene zusammenhalten, wesentlich größer als diejenigen, die die Schichten untereinander verbinden. Werden die Graphitflächen auf Schub beansprucht, orientieren sich die Kristalle mit ihrer Hauptspaltebene parallel zur Oberfläche. SAVAGE [63] stellte fest, daß für die Schmierwirkung des Graphits weniger die Lamellenstruktur als vielmehr adsorbierte Gase und Dämpfe, wie Wasserdampf oder Sauerstoff aus der Luft, an den Lamellen-

---

[4] nm = Nanometer

oberflächen verantwortlich sind. Aus Abbildung 8 geht hervor, daß das Verschleißverhalten des Graphits mit der Abnahme des Wasserdampfdruckes entscheidend beeinflußt wird. Nach BOWDEN [6] untersuchte KENYON das

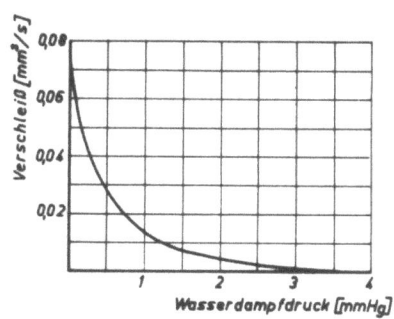

A b b i l d u n g   8

Verschleiß bei Graphitschmierung in Abhängigkeit
vom Wasserdampfdruck nach SAVAGE

Gleiten von Metallen auf Graphit. Während der Reibwert für Gold, Silber und Kupfer entsprechend der Kurve Graphit auf Graphit (Abb. 9) bis zum Schmelzpunkt der Metalle abnahm, fiel die Reibzahl für die Metalle Tantal, Nickel, Wolfram, Titan und Eisen bis zu einer Temperatur von etwa $1000^\circ C$ ab, um danach wieder stark zuzunehmen. Da Gold, Silber und Kupfer nicht angegriffen wurden, ist die Ursache für die plötzliche Reiberhöhung nicht im Erweichen der hochschmelzenden Metalle Tantal, Nickel usw. zu suchen, sondern vielmehr auf die Bildung von Metallkarbiden bei hohen Temperaturen zurückzuführen.

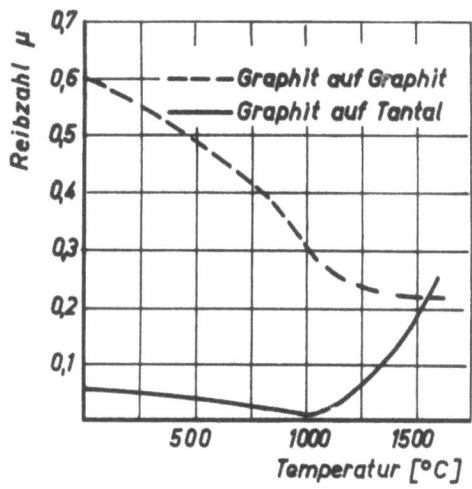

A b b i l d u n g   9

Reibung von Graphit bei verschiedenen
Temperaturen im Vakuum nach KENYON

Ebenso wie Graphit, besitzt das Molybdän-Disulfid ein Schichtgitter, das jedoch von zwei verschiedenen Atomen, nämlich Molybdän und Schwefel gebildet wird [71] (Abb. 10). In jeder Schicht liegt im Abstand von 1,54 Å eine Lage Molybdänatome zwischen zwei Lagen Schwefelatomen. Die Schwefel-Schwefel-Bindung, die die Elementarlamellen zusammenhält, ist im Vergleich zur Molybdän-Schwefel-Bindung schwach. Wegen der großen Affinität des Schwefels zu Metallen haftet der Schmierfilm besonders fest auf ihren Oberflächen. SONNTAG [70] verglich die Schmierwirkung von Molybdän-Disulfid mit einem Stapel Brotscheiben, die auf beiden Seiten mit Butter beschmiert sind. Der Schmiereffekt des Molybdän-Disulfids hängt nicht wie beim Graphit von Gasen oder Flüssigkeiten ab, die an dem Gitter absorbiert sind.

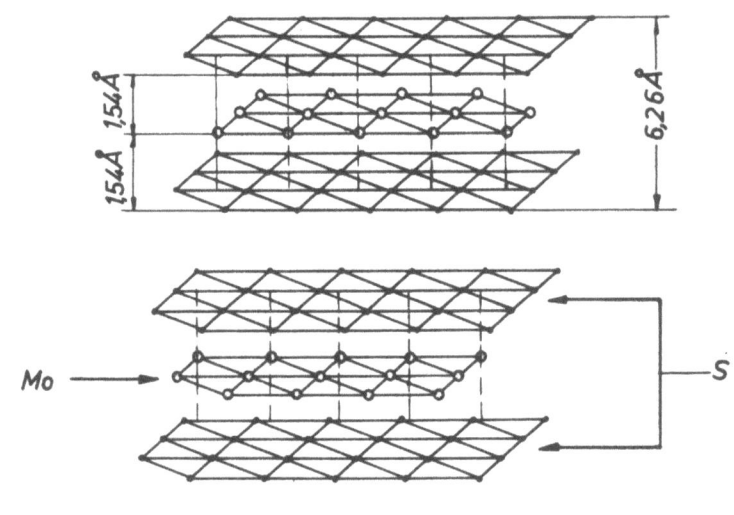

A b b i l d u n g   10

Kristallstruktur von Molybdän-Disulfid nach SPENGLER

Abbildung 11 zeigt die Versuchsergebnisse von GODFREY und NELSON [21] über die Oxydation von Molybdän-Disulfid unter atmosphärischen Bedingungen während einer halbstündigen Erwärmung von Zimmertemperatur auf 593°C (1100°F). Der Oxydationsgrad bei verschiedenen Temperaturen wurde willkürlich auf den gleich 1 angenommenen Oxydationsgrad bei 482°C (900°F) bezogen. Danach bildet sich zwischen 400°C und 427°C ein sehr dünner Film von Molybdän-Trioxyd (MoO_3), der durch Elektronenbeugung entdeckt wurde. Oberhalb 427°C tritt eine langsame, aber merkliche Oxydation ein, die zwischen 455°C und 482°C durch den Farbwechsel sichtbar wird, und über 482°C rasch fortschreitet. In der Atmosphäre von inerten Gasen liegen die Zersetzungstemperaturen höher, im Vakuum bewegen sie sich zwischen 870°C und 1100°C.

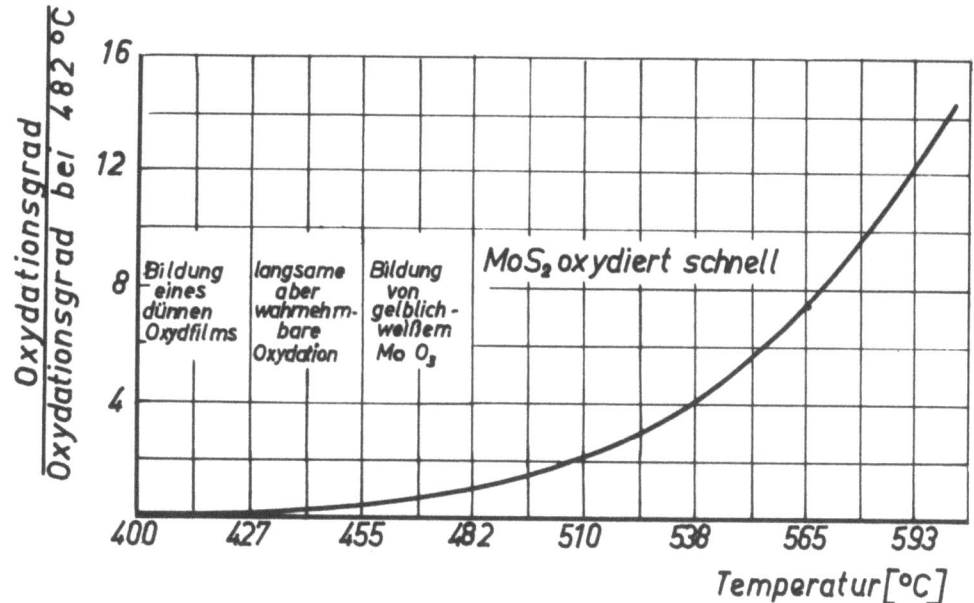

Abbildung 11

Oxydation von Molybdän-Disulfid bei der Erwärmung
von 20°C auf 593°C innerhalb 30 min nach GODFREY und NELSON

Die Temperaturbeständigkeit des Graphits wird von Molybdän-Disulfid nicht erreicht. Nach den in Abbildung 12 dargestellten Meßergebnissen von BOWDEN und FREITAG [7] beginnt sich Molybdän-Disulfid oberhalb von 800°C zu zersetzen.

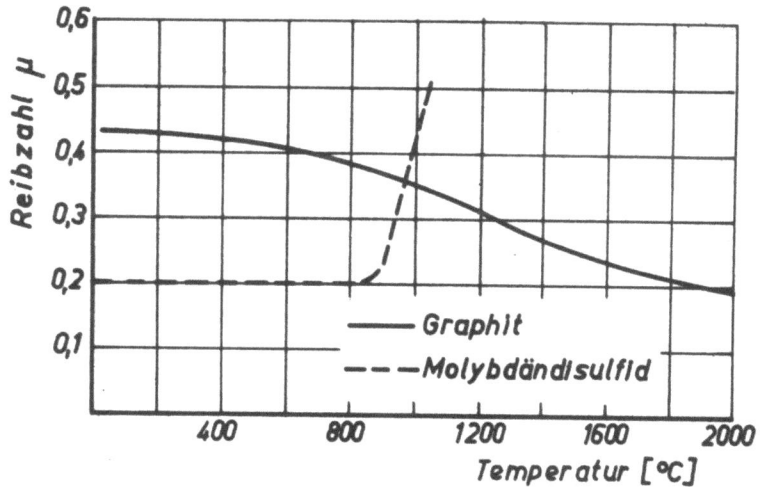

Abbildung 12

Temperaturverhalten der Reibung von Graphit und
Molybdän-Disulfid nach vorgängiger Erwärmung
nach BOWDEN und FREITAG

Den Einfluß verschiedener Flächenpressungen auf das Reibverhalten von
Graphit und Molybdän-Disulfid veranschaulicht Abbildung 13. BOYD und
ROBERTSON [10] stellten fest, daß die Reibzahl bei der Schmierung mit
Molybdän-Disulfid mit zunehmendem Flächendruck abnimmt, die Reibung von
Graphit dagegen zunächst auf µ = 0,025 abfällt und bei Drücken oberhalb 140 kp/mm² höher wird als bei Molybdän-Disulfid.

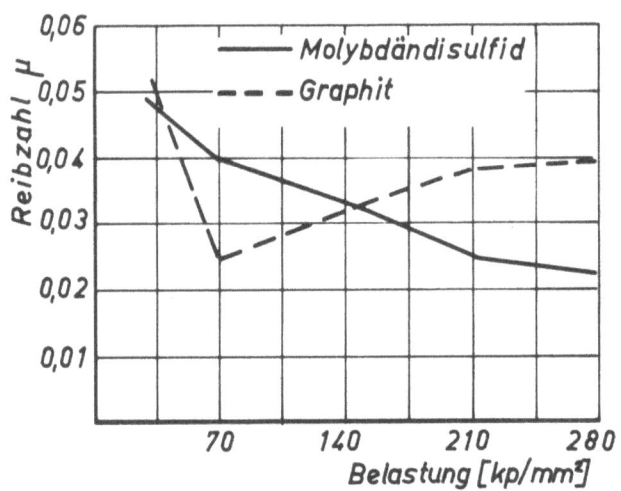

A b b i l d u n g 13
Reibzahl in Abhängigkeit von der Flächenpressung
für Graphit und Molybdän-Disulfid nach BOYD und ROBERTSON

Nimmt die Gleitgeschwindigkeit zu, so sinkt wiederum der Reibwert von
Molybdän-Disulfid, der von Graphit steigt jedoch, wie JOHNSON, GODFREY
und BISSON [33] zeigten (Abb. 14). Die Reibwerte von Graphit entsprechen
bei einer Gleitgeschwindigkeit von 32 m/s dem Reibverhalten des als
Grundwerkstoff verwendeten trockenen Stahls. Offenbar bewirkt die bei
diesen Versuchsbedingungen auftretende Wärme eine Desorption der für
die Graphitschmierung notwendigen Adsorptionsfilme, so daß im Bereich
hoher Gleitgeschwindigkeiten mit einer völligen Zerstörung des Graphitbelages gerechnet werden muß. Die von GODFREY und NELSON [21] aufgenommene Kurve für Molybdän-Trioxyd, das auf eine Stahlscheibe aufgedunstet
war, liegt bei niedrigen Geschwindigkeiten extrem hoch (Abb. 14). Obwohl die Reibung mit steigender Geschwindigkeit abnimmt, ist es sinnlos, Stahloberflächen mit Molybdän-Trioxyd zu schmieren, da hierbei die
Reibung wesentlich höher ist als beim Aufeinandergleiten zweier trockener Stahloberflächen.

Diese Versuchsergebnisse weisen darauf hin, daß sich mit zunehmender
Belastung und Geschwindigkeit immer mehr Lamellen des Molybdän-Disulfids

mit ihrer Spaltfläche parallel zu der jeweiligen Oberfläche, auf der sie liegen, orientieren.

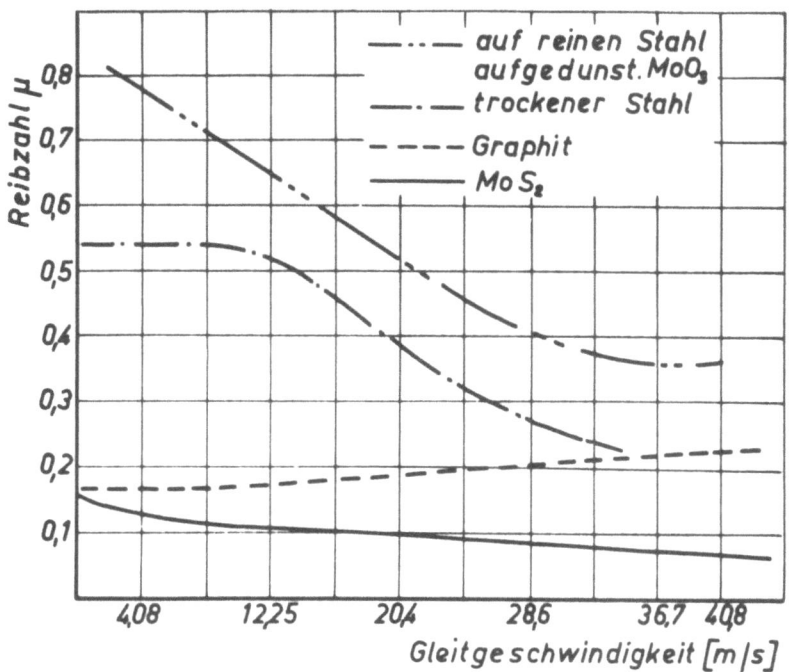

A b b i l d u n g 14

Reibzahl in Abhängigkeit von der Gleitgeschwindigkeit
für Graphit und Molybdän-Disulfid auf Stahl
bei einer Flächenbelastung von 88,58 Kp/mm^2
nach JOHNSON, GODFREY u. BISSON und GODFREY und NELSON

Die festen Schmierstoffe werden in Flüssigkeiten dispergiert, die beim Besprühen der Gesenke verdunsten und einen trockenen Schmierfilm aus Feststoffen hinterlassen. Als Trägerstoffe werden Wasser, Öl und Fett verwendet. Beim Gebrauch von Wasser ist darauf zu achten, daß die heißen Gesenke gleichmäßig benetzt werden und sich keine von Dampfschichten getragenen Wassertropfen auf den Oberflächen bilden. Diese als LEIDENFROST'sches Phänomen bekannte Erscheinung kann vermieden werden, wenn das Wasser mit entsprechendem Druck aufgetragen wird, und die Düse in einem geeigneten Abstand von der Gravur angebracht ist. Mit der Wahl des Mischungsverhältnisses Feststoff zu Wasser kann die Kühlwirkung bestimmt werden. Gesenke mit Temperaturen über 250°C werden besser mit Trägerstoffen aus dünnflüssigen Ölen besprüht. Höher siedende Benzine, die als Testbenzine bezeichnet werden, sollten wegen der Feuergefährlichkeit in der Schmiede nicht verwendet werden.

Zu 3. Konsistente Schmierstoffe

Die Schmierung der Gesenke mit Fetten ist unvorteilhaft, weil sie von Hand durchgeführt werden muß und nicht selbsttätig erfolgen kann. Ihre Schmierwirkungen in Schmiedegesenken werden deshalb auch nicht weiter in dieser Arbeit untersucht. Wo heute noch Gesenke mit dem Pinsel geschmiert werden, dienen die dabei verwendeten Fette hauptsächlich als Trägerstoffe für die festen Schmierstoffe. Abgesehen von den tierischen und pflanzlichen Fetten stellen die Schmierfette Feinverteilungen von Seifen in Mineralöl dar. Neben den verschiedenen Arten unterscheidet man zwischen den wasserabweisenden kalk- und lithiumverseiften Fetten und den mit Wasser emulgierenden natronverseiften Fetten. Diese Schmierfette weisen Tropfpunkte bis zu $200^\circ C$ auf und lassen sich daher gut auf den warmen Gesenken verstreichen. Sie verdampfen entsprechend ihrem Mineralölgehalt und hinterlassen Rückstände, die von ihrer Verseifung herrühren.

Zu 4. Flüssige Schmierstoffe

Der Gebrauch flüssiger Schmierstoffe bei der Gesenkschmierung ist in erster Linie auf ihre Treibwirkung zurückzuführen. Die mineralischen, tierischen und pflanzlichen Öle verdampfen zu einem großen Teil bei der Berührung mit den im Betrieb etwa $200^\circ C$ warmen Gesenken. Die Öle gehen unter verschieden starker Rauchentwicklung in den gasförmigen Zustand über, weil ihre Flammpunkte zwischen $150^\circ C$ und $250^\circ C$, in Extremfällen nur wenig über $300^\circ C$ liegen, und somit alle schon in den Bereich der beim Schmieden auftretenden Gesenktemperaturen fallen. Außerdem trägt die schlagartige Verbrennung des in der Gravur befindlichen Restöles zu einer weiteren Erwärmung der Gesenke bei.

Durch die Vereinigung der beiden Phasen Wasser und Öl bei der Verwendung emulgierbarer Öle ergeben sich für die Gesenkschmierung verschiedene Vorteile. Mit der Wahl der Wasserkonzentration wird die Kühlwirkung und das Ausmaß der Qualmentwicklung gesteuert. Der Ölanteil als weniger intensive Phase dämpft gleichzeitig die schroffen Abschreckeigenschaften des Wassers [5] und bewirkt durch die Verbrennung weiterhin eine Treibwirkung, die für das Lösen des Schmiedestückes von Vorteil ist.

---

[5] PETER [57] untersuchte eingehend das Abkühlvermögen von Wasser und anderen flüssigen Härtemitteln.

Eine Emulsion ist eine Feinzerteilung von Tröpfchen eines tropfbar flüssigen Stoffes in einer anderen Flüssigkeit. Dabei wird zwischen der dispersen oder inneren Phase, die die Tropfen bildet, und dem Dispersionsmittel oder der äußeren Phase, die die Tropfen umgibt, unterschieden. Bildet Öl die innere und Wasser die äußere Phase, in der die Öltröpfchen schwimmen, liegt eine Öl-in-Wasser-Emulsion vor. Bei umgekehrten Verhältnissen handelt es sich um eine Wasser-in-Öl-Emulsion. Nach HAGEDORN [25] ergeben sich für ein Zweistoffgemisch die auf Seite 40 dargestellten innigen Vermischungen.

Technische Emulsionen entstehen durch Zugabe von Emulgatoren, die jedes Öltröpfchen mit einer dünnen Hülle umgeben, die die scharfe Abgrenzung zwischen den drei Stoffen aufhebt. Es gibt oleophile und hydrophile Emulgatoren, bei denen die Öllöslichkeit oder die Wasserlöslichkeit überwiegen, sowie solche, die gleichzeitig zur Lösung in beiden Phasen neigen. Echte Emulgatoren wirken stets durch Ionenaustausch und sind ihrem Aufbau nach anionen- oder kationenaktiv. Bei Stabilisatoren wirken nur physikalische Kräfte. Die Emulgatoren halten je nach ihrer Art das Grundöl in verschiedener Teilchengröße in wässriger Emulsion, wobei ihre Anzahl vom Mischungsverhältnis Öl-Wasser abhängig ist.

Die synthetischen Schmierstoffe haben im Gegensatz zu den natürlichen Ölen einen strukturell eindeutigen Molekularaufbau, wodurch die mannigfaltigen Reaktionen, die bei der Schmierung mit organischen Stoffen auftreten, vermieden werden. Sie sind in Bezug auf Schmierfähigkeit, Viskositätsindex, Alterungsbeständigkeit und thermische Stabilität den reinen Mineralölen überlegen und werden mineralöl- und wasser-löslich und unlöslich hergestellt. Beim Gesenkschmieden werden die synthetischen Schmierstoffe wie die meisten flüssigen Stoffe wegen ihrer Treibwirkung oder als Trägerstoffe für Feststoff-Schmiermittel verwendet.

Zu 5. Lösungsmittel

Die Moleküle von Lösungsmitteln besitzen an bestimmten Stellen freie Energien, die sich durch andere ähnlich gebaute Moleküle absättigen. Als Medium für chemische Reaktionen können Lösungsmittel zur Bildung von reib- und verschleißmindernd wirkenden Schichten auf den Gesenkoberflächen führen.

Zu 6. Salze

Bei dem Besprühen mit Salzwasser werden die Gesenke durch isolierende Schichten weitgehend zunderfrei gehalten. Da das in den Salzkristallen enthaltene Kristallwasser Wärme aufnimmt, entlädt sich das gebundene Wasser bei Temperaturen über $100^{\circ}C$ mit größerer Energie, die als Treibmittel zwischen Gesenk und Schmiedestück wirkt. Im Vergleich zur Treibkraft von Sägemehl und Öl ist die Treibwirkung jedoch gering. Von Nach-

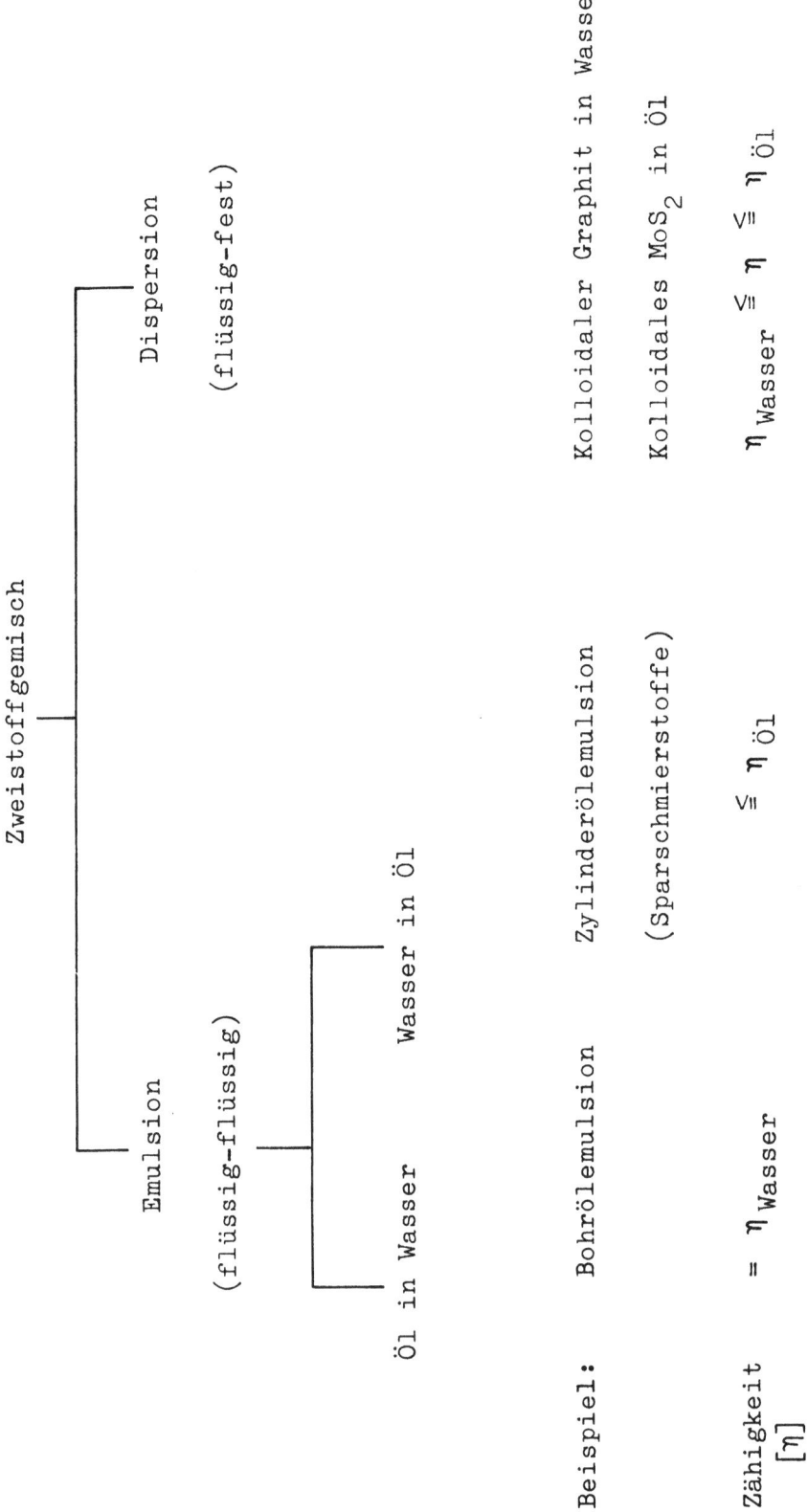

Mischungen eines Zweistoffgemisches

teil sind die korrodierenden Wirkungen auf die Schmiedeaggregate. Bei Natriumkarbonat und Bikarbonat findet dagegen weniger Korrosion statt. Durch die bei der Verbrennung dieser Salze frei gewordenen Gase werden wesentlich größere Treibkräfte als bei Natriumchlorid hervorgerufen. Wasserglas zeichnet sich neben seiner hervorragenden Treibwirkung durch gute Schmiereigenschaften aus.

Mit der Verwendung von Glas als Schmiermittel ermöglichte SEJOURNET [66, 31, 65] das Strangpressen von Stahl. Bei dem nach ihm benannten Ugine-Séjournet-Verfahren wird der Block, der nach dem Verlassen des Ofens in Glaspulver eingehüllt wird, zunderfrei in die Presse eingebracht. Die vor die Matrize gelegte Platte aus Glaspulver erwärmt sich sofort bei der Berührung mit dem heißen Block und umgibt diesen beim Pressen mit einem zähflüssigen Glasfilm. Da die Preßtemperatur je nach Stahlqualität schwankt, die Viskosität des Glases aber bei der jeweiligen Betriebstemperatur in gewissen Grenzen gehalten werden muß, wird für jede Preßtemperatur eine geeignete Glassorte verwendet. Die Glasschmierung verhindert das Fressen des Preßmaterials an der Matrize und verringert auf Grund der viskosen Schmierung in starkem Maße die Reibung [6], d.h., daß bei einem gegebenen Preßdruck längere Profile gepreßt werden können. Daneben wirkt das geschmolzene Glas als Wärmeisolator.

Als recht wirkungsvoll hat sich eine Mischung aus Glas und Bariumchlorid erwiesen. Der Unterschied zum herkömmlichen Fensterglas besteht in dem mehrfach höheren Tonerdegehalt Al_2O_3, mit dem ein höherer Schmelzpunkt und eine höhere Viskosität bei $1200°C$ erzielt wird. Das auf den Werkstücken verbleibende Glas wird durch Beizen mit Flußsäure oder Natronlauge entfernt.

Beim Gesenkschmieden verwendeten SHAW, BOULGER und LORIG [67] sowie MUNRO [52] Glas als Schmiermittel. Letzterer versah im kalten Zustand Rohlinge aus Titan mit einer Umhüllung aus kolloidalem Glas, das in einem verdunstenden Trägerstoff dispergiert war. Während der Erwärmung des Schmiedegutes schmolz das Glas und bildete einen schützenden Überzug gegen Verzunderung, der bei der richtig eingestellten Viskosität gute Schmiereigenschaften aufwies. Die auf den Schmiedestücken verbliebenen Glasreste wurden abgestrahlt oder abgetrommelt.

---

[6] ohne Schmierung: $\mu = 0,12$
Schmierung mit Glas: $\mu = 0,04$

3. Die äußere Reibkraft mit und ohne Schmierung

3.1 Stauchen zylindrischer Proben zwischen ebenen parallelen Bahnen

Beim Kaltstauchen zylindrischer Stahlproben zwischen ebenen parallelen Bahnen wurde verschiedentlich der Einfluß der Schmierung auf die Minderung der Reibung und damit des Umformwiderstandes k_w festgestellt. R. MEIER [47] fand, daß durch Schmierung die Preßkräfte mit flacher werdenden Proben stärker abnahmen. STÖTER [72] ermittelte die Kaltfließkurve für den Werkstoff Pantal 19 (Al Mg Si-Legierung) durch Stauchen zylindrischer Proben zwischen ebenen mit Molykote-Paste G (MoS_2 in paraffinischem Mineralöl) geschmierten Bahnen. Infolge der guten Schmierwirkung der Paste behielten die Proben bei einem Durchmesser-Höhenverhältnis von $d_o/h_o = 1$ ihre zylindrische Form bis zu einem logarithmischen Umformverhältnis $\varphi = 0,68$.

SÉJOURNET [31] verwendete beim Warmstauchen zylindrischer Stahlproben als Schmiermittel seine für das Strangpressen entwickelten Glassorten. Die hervorragende Schmierfähigkeit des Glasfilms verringerte die Reibkraft zwischen den Stauchbahnen und Proben so stark, daß die Zylinder bei einer Stauchung von $\varepsilon = 0,4$ sogar eine konkave Form aufwiesen, während die von SHAW, BOULGER und LORIG [67] mit Glas geschmierten Stahlproben nur konvex ausgebildete Zylinder ergaben. Die unterschiedlichen Versuchsergebnisse zeigen, daß die Problematik der Glasschmierung in der Auswahl einer Glassorte mit dem entsprechenden Viskositätsbereich für die jeweilige Betriebstemperatur liegt.

Beim Gebrauch von Flockengraphit in Öl und Fett entstanden ebenfalls tonnenförmige Proben, die sich kaum von den mit Glas geschmierten Proben unterschieden. SHAW führte die Stauchversuche mit nichtrostendem Stahl [7], der in einem mit Schutzgas beheizten Ofen auf 1170°C erwärmt wurde, nach der unter 2.2 beschriebenen Art durch.

Eigene Versuche bestätigten die von SHAW gemachten Beobachtungen. In einer hydraulischen Versuchspresse (s. Anhang 2) wurden Proben aus dem Werkstoff C 15 (Werkstoff-Nr. 0561) mit einem Verhältnis von $d_o/h_o = 0,67$ bei $d_o = 25$ mm zwischen geschliffenen Bahnen aus vergütetem Warmarbeitsstahl ($HR_c = 43$) von $h_o = 38$ mm auf $h_1 = 14$ mm entsprechend

---

[7] Stahlqualität 403: 0,15% C   12% Cr

$\varphi_{o1} \sim 1$ gestaucht. Der Hub des Steuerschiebers der Presse war so eingestellt, daß die Stößelgeschwindigkeit v = const = 0,1 m/s betrug. Die Proben wurden zunderarm auf 1100°C erwärmt, die Stauchbahnen hatten eine Temperatur von 200°C. Beim Stauchen zwischen Bahnen, die mit in Wasser und Mineralöl dispergiertem kolloidalem Graphit geschmiert waren, wurden Preßkräfte festgestellt, die sich kaum von den Umformkräften bei ungeschmierten Stauchbahnen unterschieden; bei der Schmierung mit Graphit in Öl wurde sogar der größte Umformwiderstand festgestellt.

Auf Grund dieser Ergebnisse wurden die feingedrehten Stirnflächen der Proben mit vier Körnermarken im Abstand von 10 und 15 mm versehen und ihr Gleiten bei den drei Umformverhältnissen φ = 1, 1,44 und 1,51 gemessen. Dabei stellte sich heraus, daß mit wachsender Stauchung das Gleiten der Körnermarken auf den geschmierten Bahnen im Verhältnis zu den ungeschmierten zunahm. Am stärksten wanderten die beiden vom geometrischen Mittelpunkt je 5 mm entfernten Körnermarken, am wenigsten der Probenausgangsdurchmesser d_o. Zwischen den einzelnen Schmiermitteln ergaben sich nur unwesentliche Unterschiede.

In anschließenden Versuchen in einer Schwungradspindelpresse (s. Anhang 2) wurden bei einer Auftreffgeschwindigkeit des Stößels von 0,3 m/s Proben aus Stahl vom Verhältnis d_o/h_o = 0,625 von h_o = 40 mm auf h_1 = 10 mm entsprechend φ_{o1} = 1,39 gestaucht. Hierbei waren die größten Umformkräfte bei der Schmierung mit Graphit in Wasser um 23% und mit Wasserglas um 13% kleiner als die beim Stauchen zwischen nicht geschmierten Bahnen gemessenen Kräfte.

Beim Warmstauchen zylindrischer Proben zwischen ebenen parallelen Bahnen fließt besonders bei großen Druckberührzeiten, wie z.B. in der hydraulischen Presse, die Wärme des Probenwerkstoffs durch die Preßflächen in die kälteren Stauchbahnen ab [8]. Die Probenmitte ist wärmer als

---

[8] BECK [4] untersuchte eingehend die mit der Schmiedestückabkühlung zusammenhängenden Fragen.
Er unterteilte die Berührzeit, d.i. die Zeit, während der das Werkstück eine oder beide Hälften des Gesenkes berührt, in:

1. die Liegezeit des Rohlings ohne äußere Kraft
2. die Druckberührzeit, in der eine Umformkraft ausgeübt wird,
3. die Liegezeit des in das Gesenk geschlagenen Stückes (volle Flächenanlage) ohne äußere Kraft

und stellte fest, daß dem Werkstück während der Druckberührzeit bedeutend mehr Wärme entzogen wird als in der Liegezeit nach der Umformung.

die Stirnflächen, so daß die Hauptumformung in der Kernzone als Ausbauchung erfolgt. Zwischen Proben- und Stauchbahnoberfläche tritt kein oder nur ein geringes Gleiten ein. Die Preßflächen werden vornehmlich durch Heranwälzen von Werkstoff an die Stauchbahnen vergrößert.

Mit Ausnahme einer bei Betriebstemperatur viskosen Glassorte wurden die gleichen Beobachtungen bei Stauchbahnen gemacht, auf die verschiedene Schmierschichten aufgebracht waren. Dabei ist das schlechtere Gleiten zwischen unterer Preßfläche und Stauchbahn auf den Wärmeübergang von der Probe in die Stauchbahn während der Liegezeit vor der Umformung zurückzuführen.

Die vorgenannten Versuchsergebnisse deuten darauf hin, daß der Hauptanteil der Umformkraft, die beim Warmstauchen zylindrischer Stahlproben zwischen geschmierten Bahnen gemessen wurde, auf die Schiebungen innerhalb des Werkstoffs unterhalb der Preßfläche entfällt und der Betrag der äußeren Reibkraft nur klein ist. Da mit sinkender Temperatur die Umformfestigkeit des Probenwerkstoffs zunimmt, wird die äußere Reibung mit abnehmender Umformgeschwindigkeit kleiner.

Für die Beurteilung des Reibverhaltens der Schmierstoffe bei der Warmumformung von Stahl ist daher das Stauchen zwischen ebenen Bahnen nicht geeignet. Sinnvoller erscheint es, die Untersuchung der Reibkraft in Abhängigkeit von der Schmierung an Umformvorgängen vorzunehmen, bei denen die äußere Reibung größer als beim Stauchen ist. Diese Vermutung bestätigen die von H. MEYER [48] beim Warmfließpressen von Kopfbolzen aus Grauguß mit lamellarem Graphit festgestellten großen Preßkraftunterschiede zwischen geschmierten und nicht geschmierten Werkzeugen.

3.2 Schmieden im Gesenk mit Gratspalt in Presse und Hammer

Für die weiteren Untersuchungen wurde das Gesenk mit Gratspalt herangezogen. Diese Werkzeugform ist die in der Praxis gebräuchlichste. Gegenüber dem Stauchen zwischen ebenen Bahnen wurde außerdem die größte Flächenpressung mehr als verdreifacht.

Die Ermittlung der Abhängigkeit des Kraft- und Arbeitsbedarfes von der Schmierung in den beiden Umformmaschinen Schwungradspindelpresse und Riemenfallhammer ermöglicht eine Abschätzung der Schmierwirkung der einzelnen Schmiermittel gegenüber dem Schmieden ohne Schmierung bei verschiedenen Auftreffgeschwindigkeiten des Obergesenkes.

Eine Bestimmung des Reibwertes µ ist beim Schmieden im Gesenk nicht möglich, weil der Vorgang zu verwickelt ist [9].

Wie unter 2.2 angeführt, verwendeten SHAW und Mitarbeiter für ihre Untersuchungen ein geschlossenes Gesenk und wählten als Maß für die Schmiereignung das Steigen des Schmiedewerkstoffs in der Gravur. Diese Versuchsmethode weicht vom praktischen Fall deswegen ab, weil das Einsatzvolumen so bemessen ist, daß die Gravur nie völlig ausgefüllt wird. Sie gibt das Verhalten des Schmiermittels in der letzten Phase (Gratbildung) nicht wieder, bei dem höhere Flächenpressungen auftreten.

So ist es auch nicht verwunderlich, daß die Unterschiede in den Steighöhen für die einzelnen Schmiermittel sehr gering sind. In diesem Zusammenhang sei noch erwähnt, daß die von SHAW veröffentlichten Versuchsergebnisse wegen der absichtlich gewählten T-Form und der geringen Preßgeschwindigkeit von 0,01 m/s nicht auf die Praxis übertragen werden können [10]. Außerdem werden die bei den Versuchen verwendeten Gesenktemperaturen von 480°C und 590°C bei den in der Industrie üblichen Schmiedeverfahren nicht erreicht.

Das Reibverhalten der im Anhang 1 aufgeführten Schmierstoffe beim Gesenkschmieden wurde mit der im Anhang 4 beschriebenen Versuchseinrichtung untersucht. Dabei wurde die Umformkraft mit einer Drei-Säulen-Kraftmeßplatte und der Umformweg über einen als Keil ausgebildeten Stift mit einem induktiven Verlagerungsgeber gemessen.

Aus der Vielzahl der erhaltenen Oszillogramme ist eine in Abbildung 74 wiedergegeben. Die Vergleiche der Kraft-Weg-Diagramme von zwei und mehr Schmiedeversuchen mit dem gleichen Schmierstoff ergaben nur geringe Schwankungen; diese konnten daher als gut wiederholbar angesehen werden.

In den Abbildungen 16 bis 19 ist der Kraftverlauf entlang dem Umformweg beim Schmieden in der Schwungradspindelpresse für 20 verschiedene

---

[9] Es gibt auch heute noch kein Verfahren, den Reibwiderstand beim Stauchen, dem einfachsten aller Umformvorgänge, zu bestimmen.

[10] In erster Linie diente die Arbeit der Untersuchung von geeigneten Schmiermitteln für die Herstellung hochbeanspruchter Genauschmiedestücke aus Aluminium- und Magnesiumlegierungen mit hohen Rippen und dünnen Stegen für den Flugzeugbau. Die dabei festgestellten Schmierwirkungen waren wesentlich größer als die bei den Versuchen mit Stahl.

Seite 45

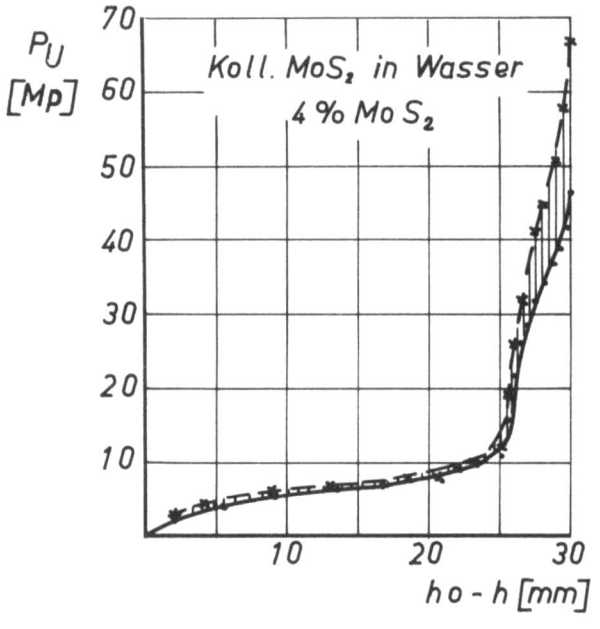
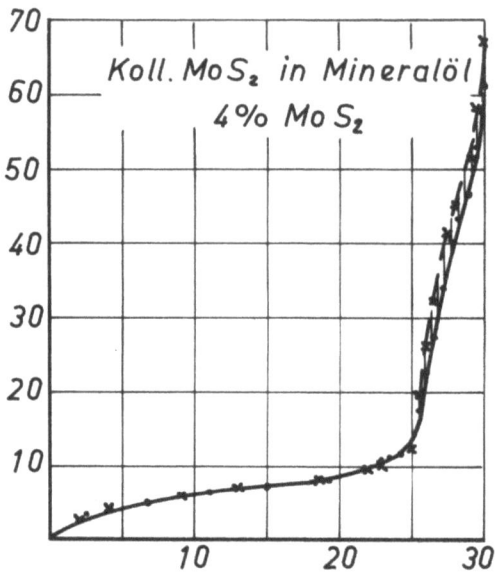
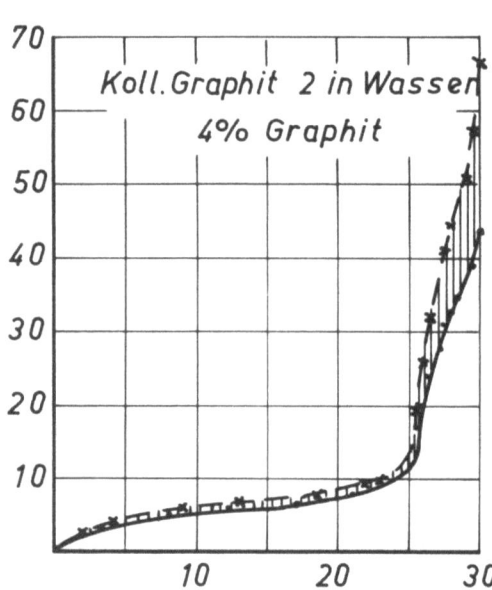
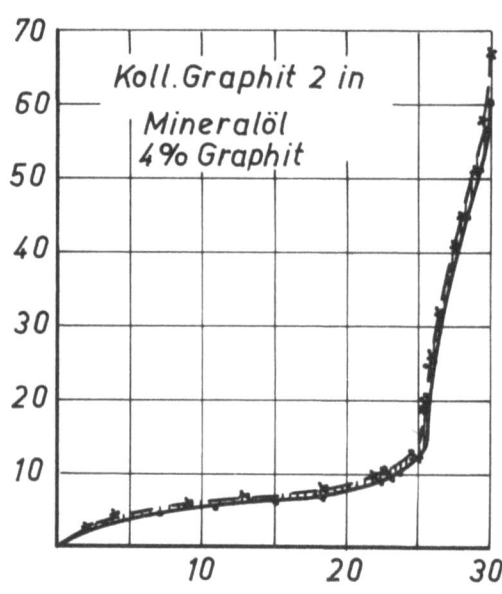
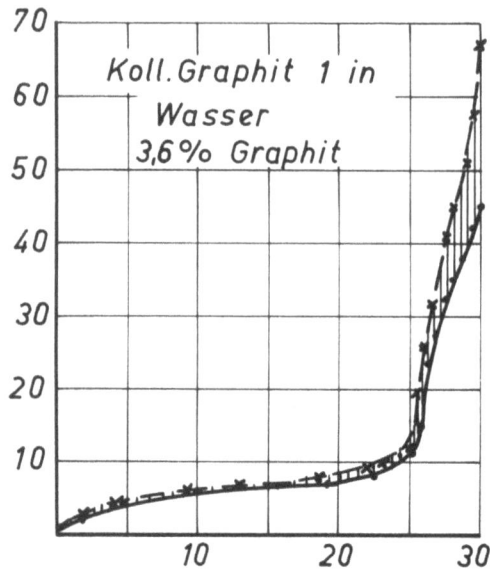

Abbildung 16
Kraft-Weg-Diagramme für verschiedene Schmierstoffe beim Gesenkschmieden in der Schwungradspindelpresse
(|||| = ersparte Arbeit)
Werkstoff: 34 Cr 4
Umformtemperatur: ϑ_{sch} = 1150°C

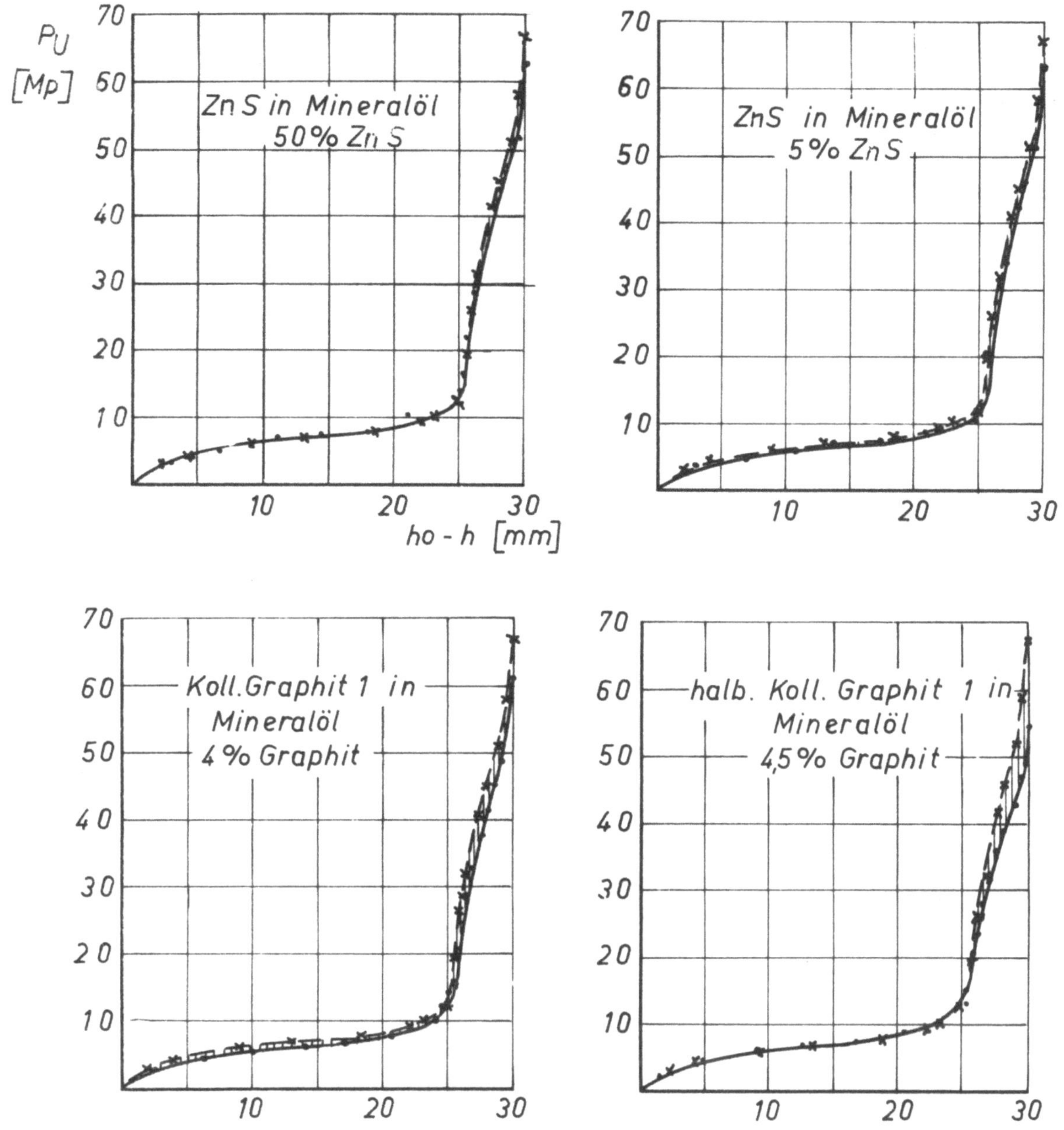

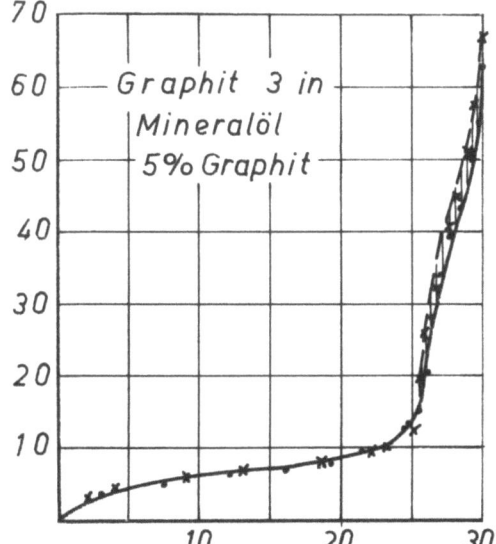

Abbildung 17
Kraft-Weg-Diagramme für verschiedene Schmierstoffe beim Gesenkschmieden in der Schwungradspindelpresse
(|||| = ersparte Arbeit)
Werkstoff: 34 Cr 4
Umformtemperatur: ϑ_{sch} = 1150°C

Schmiermittel dargestellt. Die Diagramme lassen deutlich die Bereiche des freien Stauchens und der geführten Umformung erkennen. Solange der Flansch der Gravur mit Werkstoff gefüllt wird, sind die Umformkräfte verhältnismäßig gering; sie steigen jedoch stark an, wenn bei der geführten Umformung Grat austritt.

Die Kurven der geschmierten Gesenke bestätigen die unter 3.1 beschriebenen Beobachtungen beim Stauchen zwischen ebenen Bahnen. Die Schmierwirkung setzt bei fast allen untersuchten Schmierstoffen erst im Abschnitt der geführten Umformung ein. Während des freien Stauchens im ersten Abschnitt ist die äußere Reibung im Verhältnis zur geführten Umformung nur gering und die Umformkräfte, die bei den geschmierten Gesenken gemessen wurden, weichen in diesem Bereich nicht, oder nur geringfügig von denen des ungeschmierten Gesenkes ab.

In Abbildung 16 ist das Reibverhalten der beiden Festschmierstoffe Graphit und Molybdän-Disulfid in Abhängigkeit von dem Trägerstoff gegenübergestellt. In beiden Fällen sind die durch die Wasserverdunstung entstandenen Trockenfilme den beim Schmieden noch feuchten Ölfilmen überlegen. Dieses unterschiedliche Verhalten ist auf die Lamellenstruktur des Graphits und des Molybdän-Disulfids zurückzuführen. Bei der Trockenschmierung liegen die Blättchen wie Dachziegel geschichtet auf der Gesenkoberfläche und werden durch Adsorptionskräfte an einem Ablösen gehindert. Hierdurch können sich die Kristalle bei Schubbeanspruchung mit ihrer Hauptspaltebene parallel zur Oberfläche orientieren und auf Grund der niedrigen Scherspannung die Reibung zwischen Gesenk und Schmiedestück verringern. Die für die Schmierung erforderliche Schichtenbildung tritt bei der Verwendung des Trägerstoffes Öl erst dann ein, wenn dieser wie das Wasser verdunstet ist.

Die Versuchsergebnisse bestätigen die von anderer Seite gemachten Beobachtungen, daß Graphit und Molybdän-Disulfid bei hohen Drücken und Temperaturen gute Schmiereigenschaften aufweisen. Große Unterschiede zwischen Elektro- und Naturgraphit, wie sie von LUEG und TREPTOW [45] beim Drahtziehen angegeben wurden, sind dagegen nicht festzustellen.

Der größere Kraftabfall bei der Schmierung mit halbkolloidalem Graphit gegenüber kolloidalem Graphit (Abbildung 17) beruht anscheinend auf der unterschiedlichen Größe der einzelnen Graphitteilchen. Die kleineren Blättchen bilden weniger leicht an allen Stellen der Gravur Schichten, die sich gegenseitig überlappen. Die Lamellen werden durch kleine Lücken voneinander getrennt, wodurch der Scherwiderstand und damit die Reibkraft anwachsen. Der im Mineralöl dispergierte Graphit 3 erreicht in seinem Reibverhalten die beiden anderen Graphitsorten nicht.

Die beiden in Abbildung 17 wiedergegebenen Zinksulfid-Kurven deuten auf ein ungünstiges Reibverhalten des Zinksulfids hin. Trotz des hohen Zinksulfidgehaltes von 50% in der zur Verfügung stehenden Paste ist die größte Umformkraft nicht niedriger als bei dem in Öl dispergierten Zinksulfid. Der Vergleich mit dem in Abbildung 18 dargestellten Untersuchungsergebnis des Mineralöles zeigt, daß der niederigere Kraftverlauf der 5%igen Zinksulfid-Lösung auf den Trägerstoff zurückzuführen ist.

Unter 2.3 wurde schon darauf hingewiesen, daß die Flammpunkte der flüssigen Schmierstoffe nur selten über 300°C liegen. Da sie bei der Berührung mit dem heißen Schmiedegut verbrennen, rechnet man eher mit einer Reibzunahme als Abnahme. Wie aus Abbildung 18 hervorgeht, bestätigt sich jedoch diese oft vertretene Auffassung nicht. Die Reibung zwischen Gesenk und Schmiedestück wird bei der Schmierung mit flüssigen Stoffen vermindert. Die Schmiermittel weichen in ihrem Verhalten aber nur unwesentlich voneinander ab.

Im Gegensatz hierzu verläuft nach Abbildung 19 die bei der Schmierung mit Perchloräthylen aufgenommene Umformkraft günstiger. Das in dem Lösungsmittel enthaltene Chlor reagiert mit der Gesenkoberfläche und bildet eine Schicht, die die Reibung verringert. Dieses Ergebnis findet eine Parallele in den guten Schmierwirkungen der Hochdruckschmiermittel, die u.a. auch Chlor als chemisch wirksame Zusatzstoffe enthalten.

Das gute Reibverhalten der 20%igen Wasserglaslösung (Na_2SiO_3) ist auf die hohe Temperaturbeständigkeit [11] zurückzuführen, durch die ähnlich wie bei der Glasschmierung ein flüssiger Film gebildet wird, der stark reibmindernd wirkt. Erstaunlicherweise ist bei der Gesenkbesprühung mit Natriumkarbonat (Na_2CO_3) in Wasser ein merklicher Kraftabfall zu erreichen. Wie erwartet, wird dagegen mit Sägemehl kein günstigerer Kraftverlauf als beim Schmieden im ungeschmierten Gesenk erzielt.

In Abbildung 20 sind die Ergebnisse der in der Schwungradspindelpresse durchgeführten Versuche zusammengestellt. Als Bezugsgröße dient die Endkraft P_{u_o} beim Schmieden ohne Schmierung, auf die die Abnahme der

---

[11] Schmelzpunkt von Na_2SiO_3: 1027°C

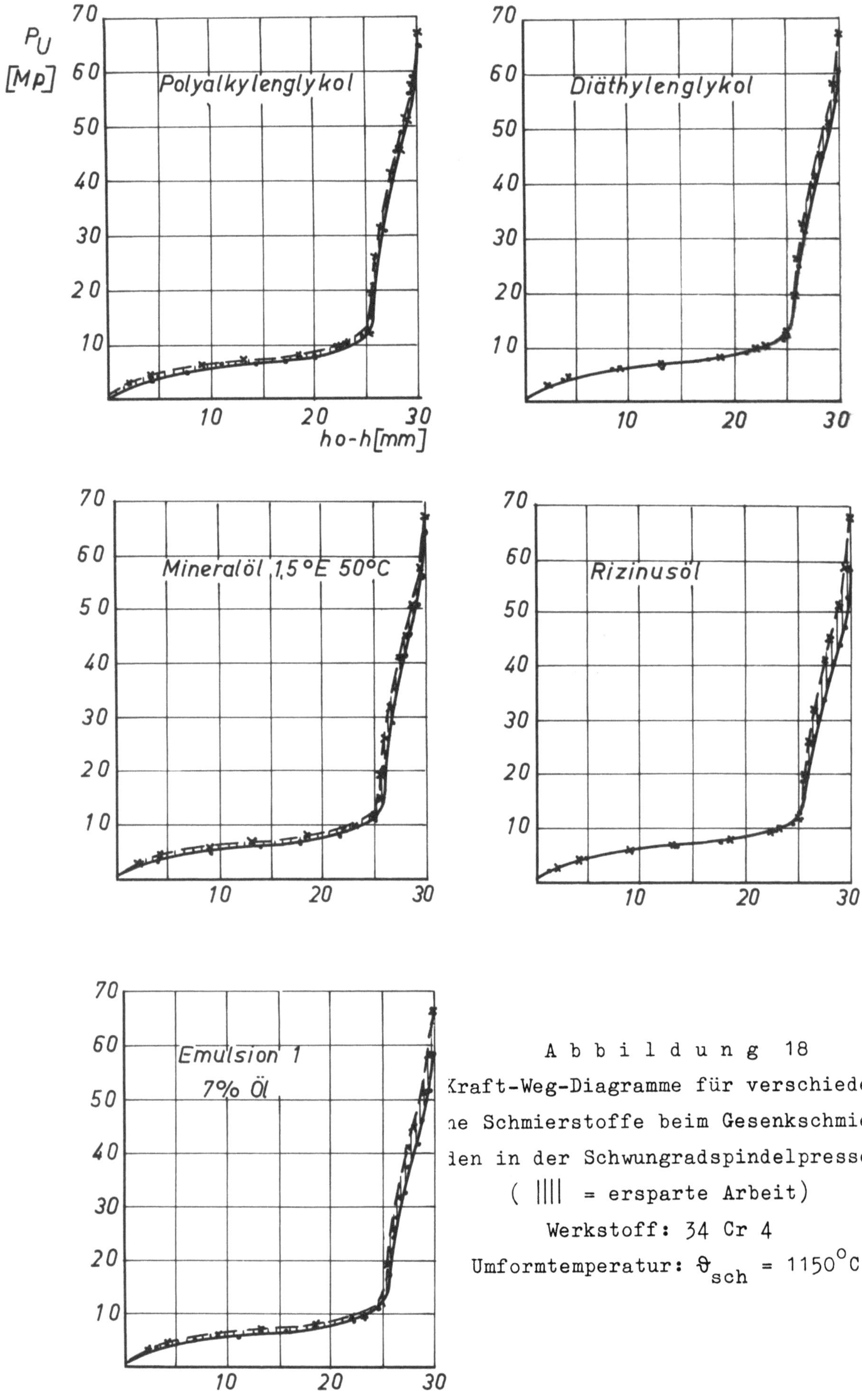

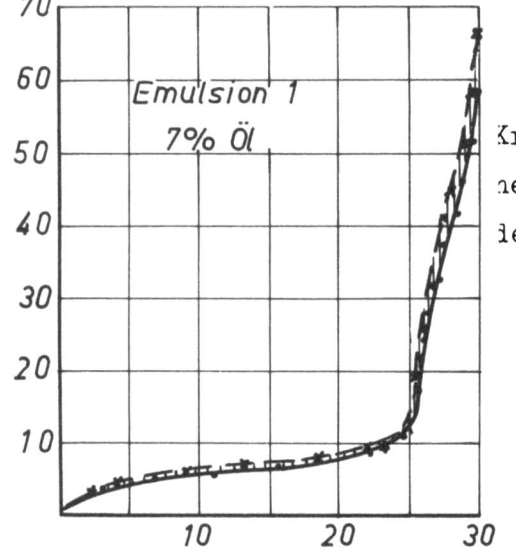

Abbildung 18
Kraft-Weg-Diagramme für verschiedene Schmierstoffe beim Gesenkschmieden in der Schwungradspindelpresse
(|||| = ersparte Arbeit)
Werkstoff: 34 Cr 4
Umformtemperatur: $\vartheta_{sch} = 1150°C$

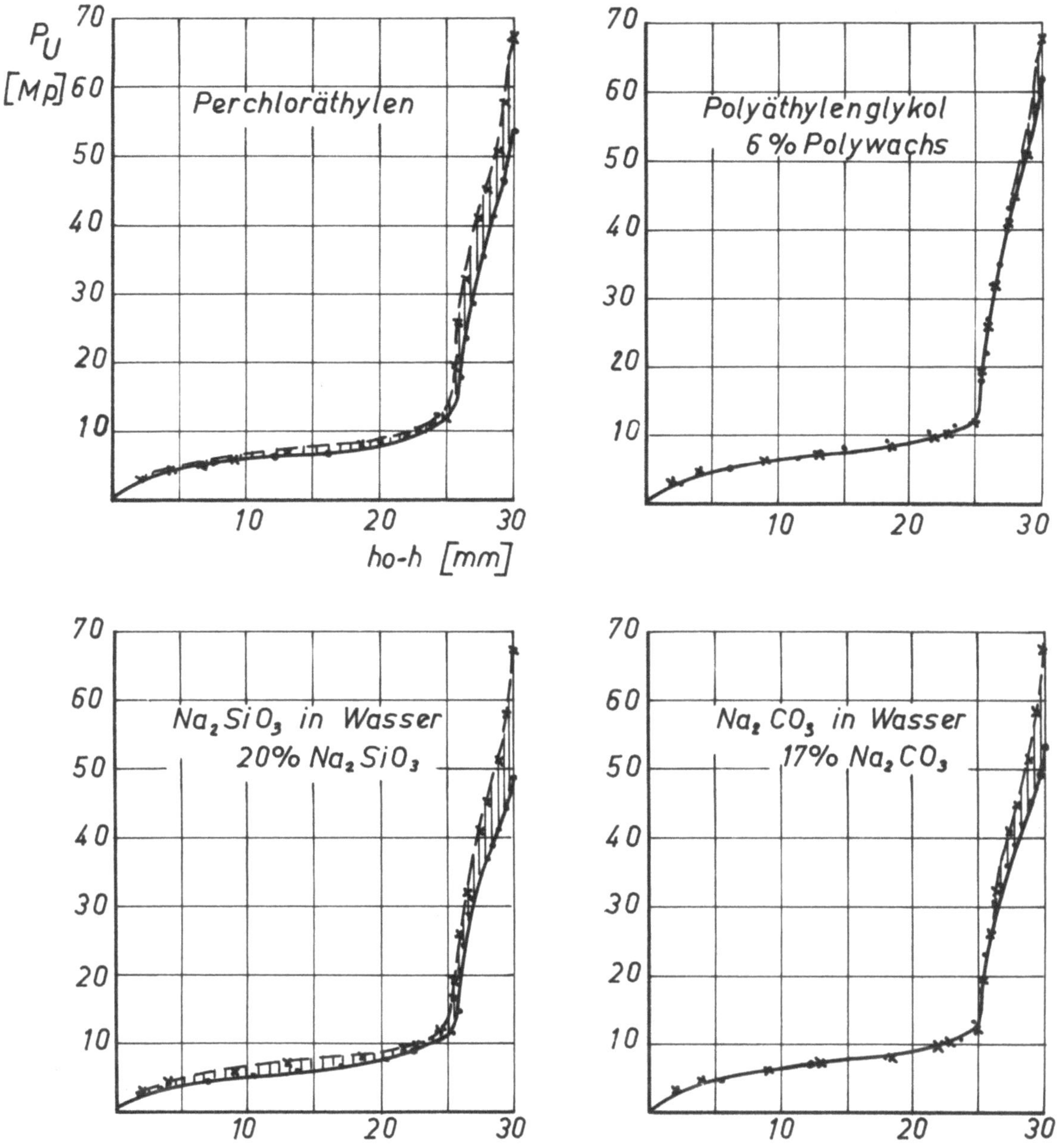

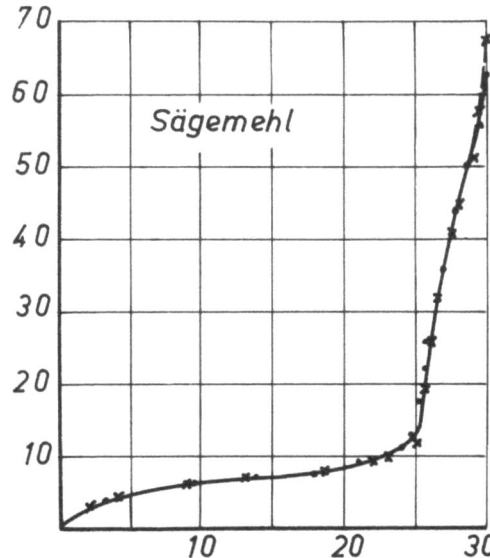

Abbildung 19
Kraft-Weg-Diagramme für verschiedene Schmierstoffe beim Gesenkschmieden in der Schwungradspindelpresse
(|||| = ersparte Arbeit)
Werkstoff: 34 Cr 4
Umformtemperatur: ϑ_{sch} = 1150°C

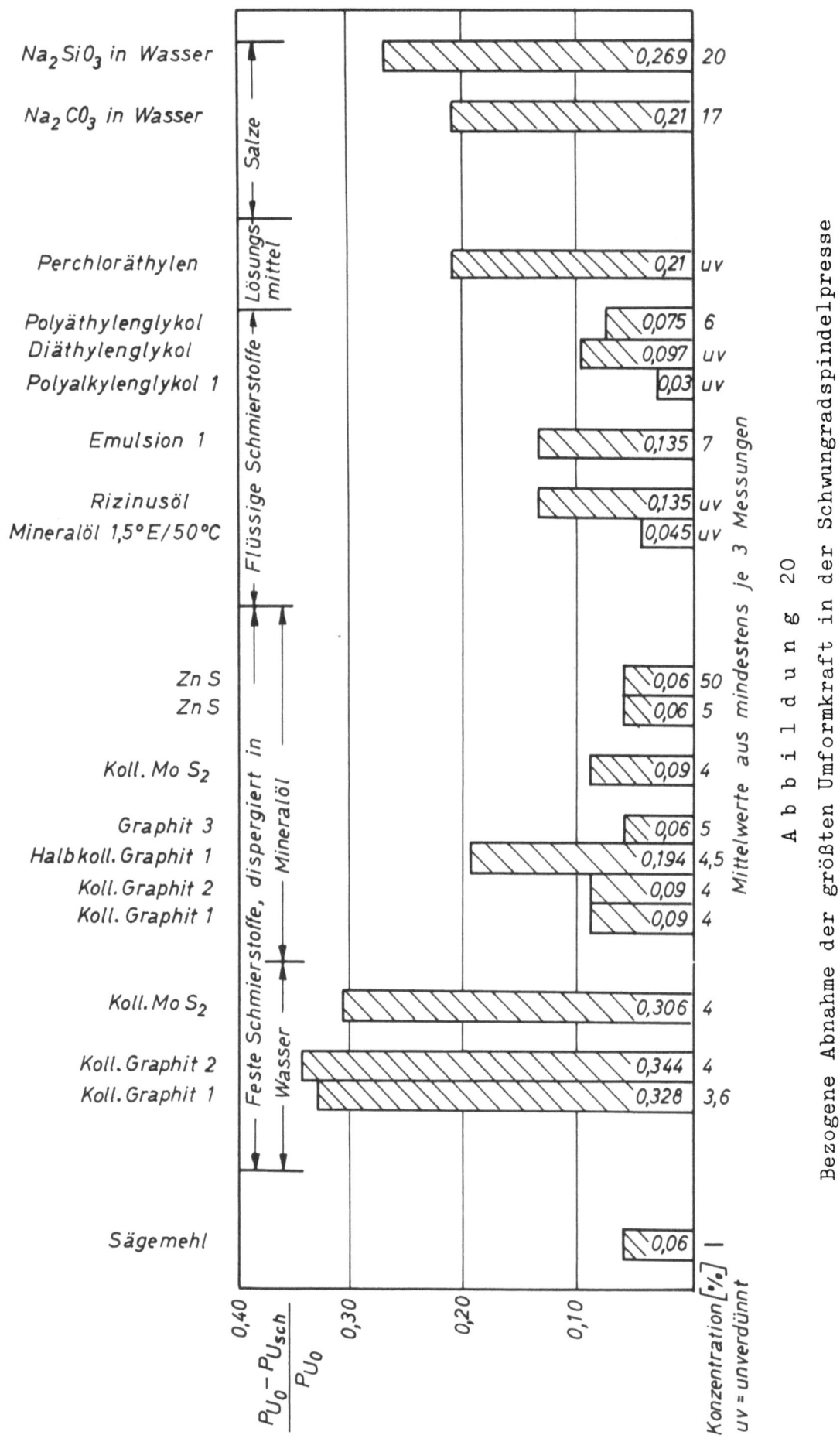

Abbildung 20. Bezogene Abnahme der größten Umformkraft in der Schwungradspindelpresse. Mittelwerte aus mindestens je 3 Messungen

Werkstoff: 34 Cr 4;   Umformtemperatur: $\vartheta_{sch} = 1150\,^\circ C$

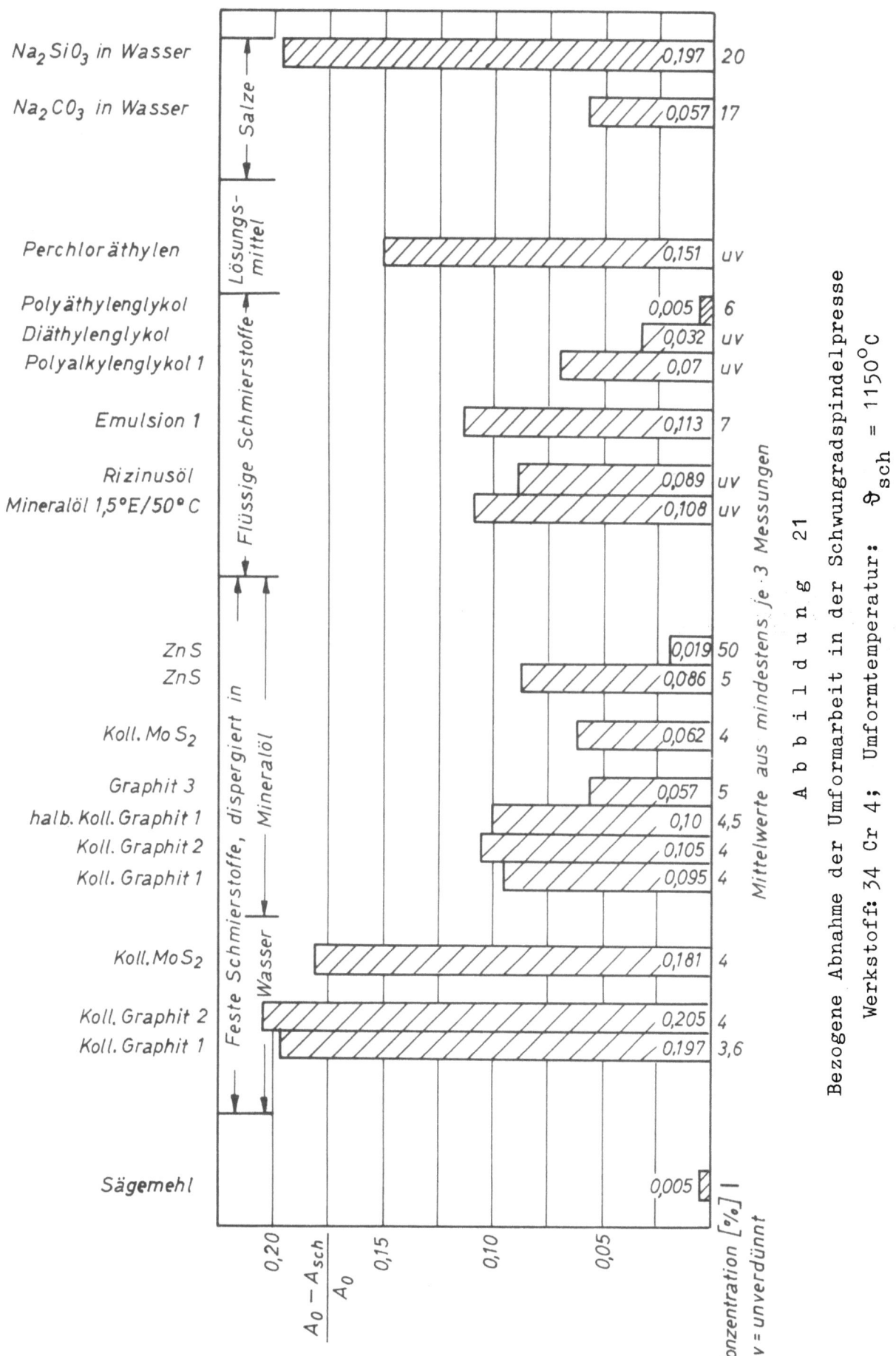

Abbildung 21

Bezogene Abnahme der Umformarbeit in der Schwungradspindelpresse
Werkstoff: 34 Cr 4; Umformtemperatur: $\vartheta_{sch} = 1150\,°C$

Umformkräfte durch die Schmierstoffe bezogen wird, also

$$\frac{P_{u_o} - P_{u_{sch}}}{P_{u_o}}$$

Der größte Kraftabfall um mehr als ein Drittel ergibt sich bei der Schmierung mit in Wasser dispergiertem kolloidalem Graphit 2. In der gleichen Größenordnung liegen die beiden anderen Trockenschmierfilme. Die in Wasser gelösten Salze - insbesondere Wasserglas - und das Perchloräthylen sind die Schmierstoffe mit dem danach günstigsten Reibverhalten. Interessant ist ferner die doppelte Kraftabnahme des halbkolloidalen Graphits 1 in Öl gegenüber den in Öl dispergierten kolloidalen Graphiten 1 und 2. Die synthetischen Schmierstoffe und die Öle unterscheiden sich kaum von Sägemehl, dagegen zeichnet sich die aus verschiedenen Stoffen bestehende Emulsion 1 durch eine größere Abnahme der Umformkraft aus.

Der Arbeitsbedarf wird durch Planimetrieren der Kraft-Weg-Diagramme ermittelt. In Abbildung 21 wird die auf das Schmieden ohne Schmierung bezogene Abnahme der Umformarbeit

$$\frac{A_o - A_{sch}}{A_o}$$

veranschaulicht. In jedem Diagramm der Abbildungen 16 bis 19 ist die sich durch das Schmiermittel ergebende Arbeitsersparnis schraffiert eingetragen. Entsprechend der Kraftabnahme ist der Arbeitsbedarf auch hier bei der Schmierung mit den in Wasser dispergierten Festschmierstoffen am kleinsten. Wie bei Graphit und Molybdän-Disulfid sinkt bei Wasserglas die Umformarbeit ebenfalls um 20%. Während sich die festen Schmierstoffe in Mineralöl ähnlich wie die flüssigen Schmiermittel verhalten, ergeben Sägemehl und Polyäthylenglykol keine Ersparnis gegenüber dem Schmieden ohne Schmierung.

Das Reibverhalten von fünf verschiedenen Schmierstoffen, mit denen in den Versuchen in der Schwungradspindelpresse die günstigsten Werte erzielt worden waren, wurde beim Schmieden im Riemenfallhammer (s. Anhang 2) untersucht. Die dabei ermittelten Kraftverläufe sind in Abbildung 22 wiedergegeben. Sie unterscheiden sich im Vergleich zum Kurven-

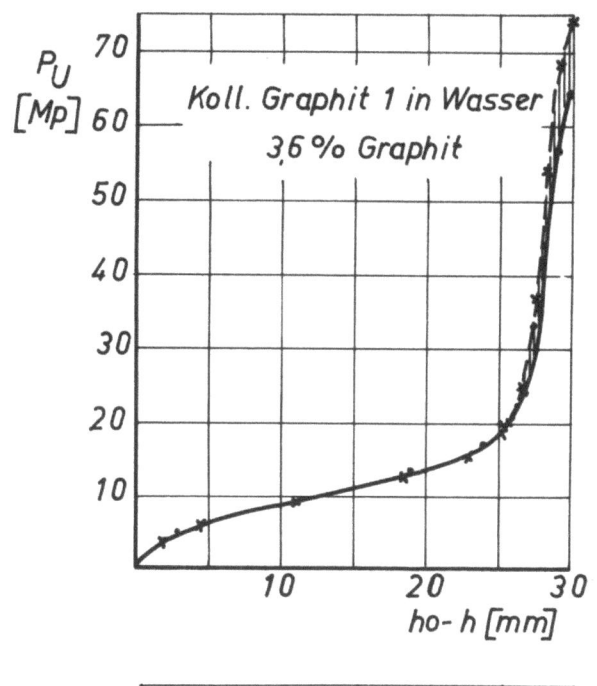
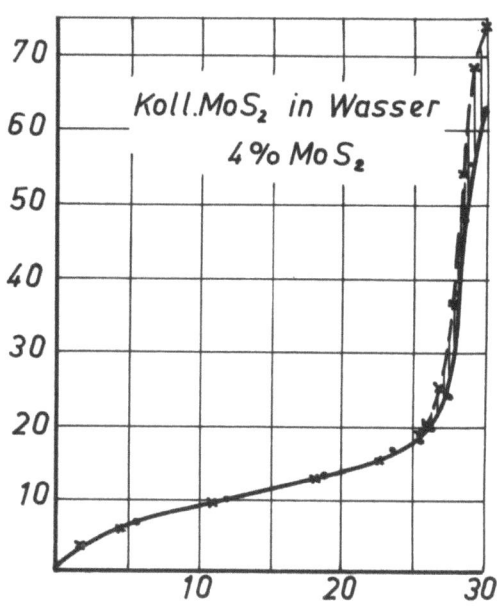
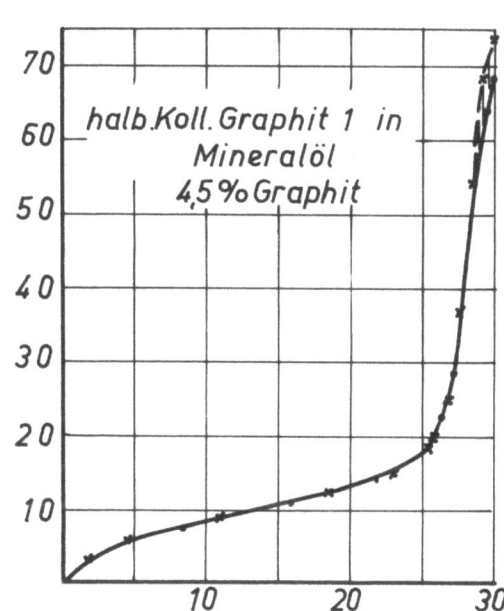
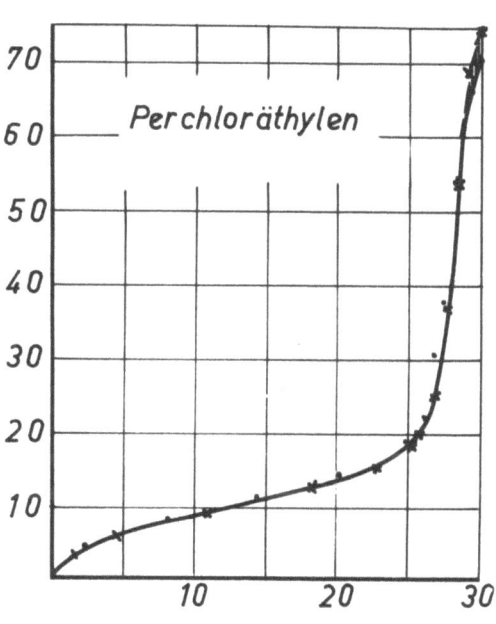
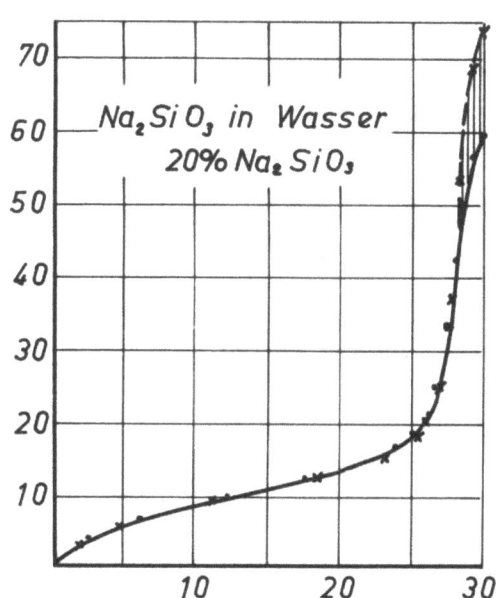

Abbildung 22
Kraft-Weg-Diagramme für verschiedene Schmierstoffe beim Gesenkschmieden im Riemenfallhammer
(|||| = ersparte Arbeit)
Werkstoff: 34 Cr 4
Umformtemperatur: ϑ_{sch} = 1150°C

verlauf beim Schmieden im ungeschmierten Gesenk nicht in dem gleichen Maße wie bei der Schwungradspindelpresse. Während die Umformkräfte bei den Trockenschmierfilmen Graphit und Molybdän-Disulfid über den gesamten Bereich der geführten Umformung niedriger verlaufen, bewirken die übrigen Schmiermittel praktisch nur eine Verminderung der größten Umformkraft.

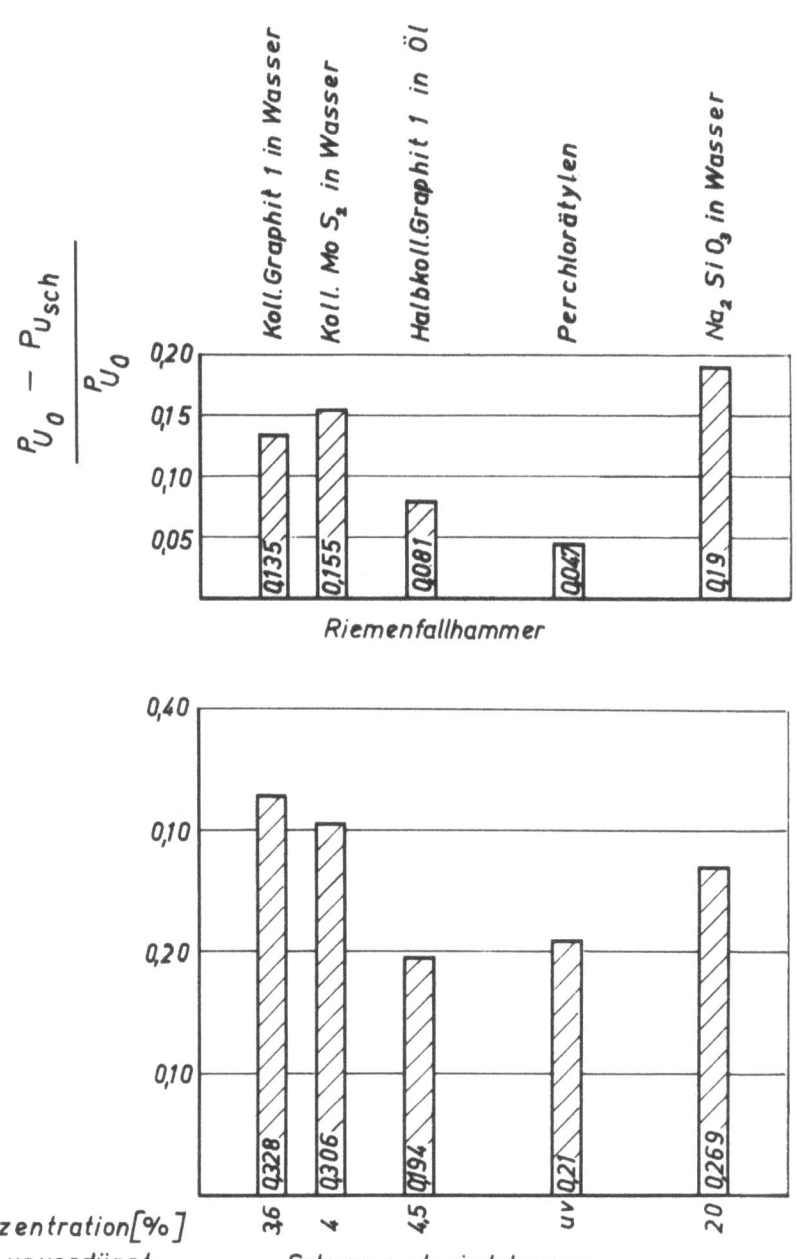

A b b i l d u n g 23

Bezogene Abnahme der größten Umformkraft im
Riemenfallhammer und in der Schwungradspindelpresse
Mittelwerte aus mindestens je 3 Messungen
Werkstoff: 34 Cr 4; Umformtemperatur: $\vartheta_{sch} = 1150°C$

Seite 56

In Abbildung 23 ist die durch Schmierung erzielte Abnahme der Umformkraft beim Schmieden in der Schwungradspindelpresse dem Schmieden im Riemenfallhammer gegenübergestellt. Danach verringern mit Ausnahme von Wasserglas alle untersuchten Schmiermittel die in der Presse ermittelten Umformkräfte gegenüber den Kräften im Fallhammer um das Doppelte. Noch krasser wird der Unterschied bei der Umformarbeit (Abb. 24). Hier

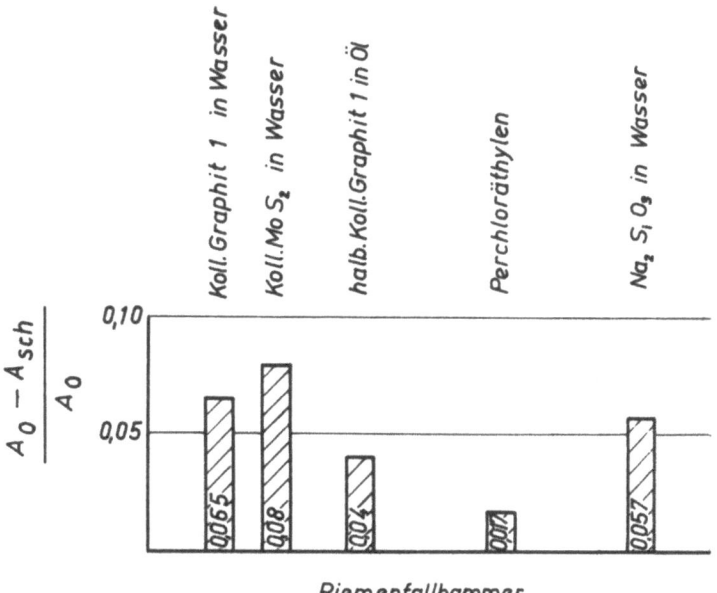

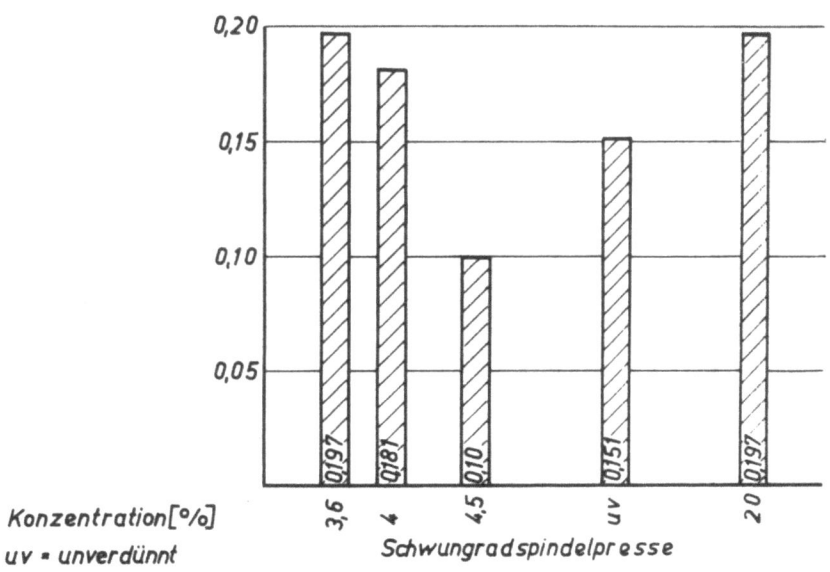

A b b i l d u n g 24

Bezogene Abnahme der Umformarbeit im
Riemenfallhammer und in der Schwungradspindelpresse
Mittelwert aus mindestens je 3 Messungen
Werkstoff: 34 Cr 4; Umformtemperatur: $\vartheta_{sch} = 1150°C$

ist die beim Schmieden in der Presse durch die Schmierung erreichte Arbeitsersparnis dreimal so groß wie im Hammer. Außerdem geht aus Abbildung 25 hervor, daß die in den geschmierten Gesenken gemessenen Umformkräfte mit wachsender Geschwindigkeit stärker zunehmen als die beim Schmieden ohne Schmierung ermittelte Umformkraft.

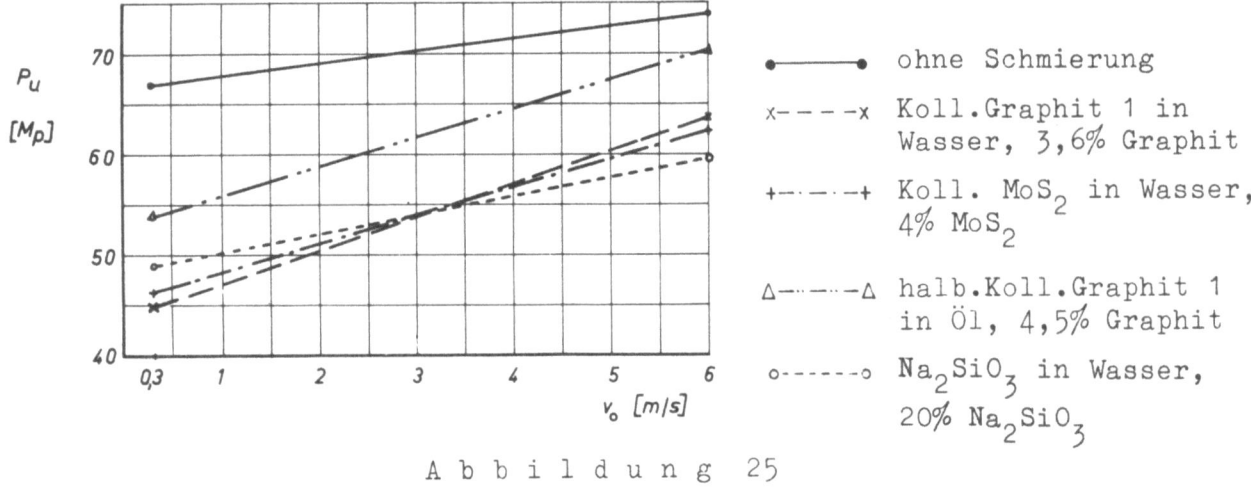

Abbildung 25

Umformkraft in Abhängigkeit von der Auftreffgeschwindigkeit
des Obergesenks bei verschiedener Schmierung

Werkstoff: 34 Cr 4; Umformtemperatur: $\vartheta_{sch} = 1150^\circ C$

Diese Ergebnisse lassen erkennen, daß das Haftvermögen der Schmierfilme an den Gesenkoberflächen mit größer werdender Gleitgeschwindigkeit abnimmt und die durch die größere Reibung hervorgerufenen Temperaturerhöhungen die Schmierwirkungen beeinträchtigen. Wenn neben Wasserglas die beiden Trockenschmierfilme Graphit und Molybdän-Disulfid in ihrem Reibverhalten beim Schmieden im Riemenfallhammer den übrigen Schmiermitteln auch überlegen sind, so werden jedoch nicht die von JOHNSON, GODFREY und BISSON [33] gemachten Beobachtungen bestätigt, daß mit zunehmender Gleitgeschwindigkeit der Reibwert von Molybdän-Disulfid kleiner wird (s. Abschnitt 2.3, Abbildung 14).

Der Kraft- und Arbeitsbedarf ist beim Schmieden in Presse und Hammer von der Schmierung abhängig. Bei der Verwendung geeigneter Schmierstoffe können die Umformkräfte und der erforderliche Arbeitsaufwand recht beachtlich verringert werden, und zwar die größten Kräfte mehr als die Arbeitsbeträge. Die Unterschiede fallen mit größerer Umformgeschwindigkeit, m.a.W: in der Presse gewinnt man durch Schmiermittel in doppelter

Hinsicht mehr als beim Hammer, weil hier die Geschwindigkeit kleiner
ist und es vor allem auf die Presskraft ankommt. Dagegen kann man mit
den betrachteten Schmiermitteln das Arbeitsvermögen der Hämmer besser
ausnutzen.

Bei der Wahl des Gratbahnverhältnisses ist der Einfluß der Schmierstoffe
zu berücksichtigen. Es ist so zu bestimmen, daß der durch die Schmierung verkleinerte Widerstand gegen das Austreten des Werkstoffs so weit
erhöht wird, bis die Gravur voll durch den Werkstoff ausgefüllt wird.

4. Die Haftkraft als Maß für die Schmiereignung des Schmierstoffes

Wie bereits erwähnt, ist die Schmiereignung von Schmierstoffen nicht
mit einem einzigen Wert zu kennzeichnen. Daher wurde neben der im vorangegangenen Abschnitt behandelten Ermittlung des Kraft- und Arbeitsbedarfes beim Schmieden im Gesenk mit Gratspalt als weitere Kenngröße
die mit der Schmierung veränderliche Haftkraft herangezogen, die beim
Ausstoßen des Werkstücks als Widerstand zwischen Gesenk und Schmiedestück auftritt. Sie ist zugleich ein Maß für die Trennwirkung des
Schmierstoffes, durch die das Schmiedestück aus der Gravur gelöst wird,
und weist in einer Hinsicht auch auf den Verschleiß hin, da bei großen
Haftkräften die Teile in der Gravur kleben bleiben und dadurch die Gesenktemperaturen unerwünscht hoch ansteigen. (vgl. Schema Seite 29)

Die Anregung zu der Versuchseinrichtung gaben die unter 2.2 angeführten
Versuche von SACHAROW und GLUSTSCHENKO [62], in denen nach der in Abbildung 6 gezeigten Methode die Kräfte gemessen wurden, die beim Ausstoßen gestauchter Proben aus einer geschmierten Matrize auftreten. Dieses Verfahren wurde insofern abgewandelt, als die Matrize durch ein Gesenk mit Gratspalt ersetzt wurde und das Ausstoßen des Schmiedestücks
0,15 Sekunden nach beendeter Umformung erfolgte [12]. Hierdurch wurden
die Schmierwirkungen beim eigentlichen Gesenkschmieden untersucht, so
daß die Forderung, ein Prüfverfahren zur Beurteilung der Schmierfähigkeit so genau wie möglich dem praktischen Anwendungsfall anzupassen, erfüllt wird.

---

[12] Leider machten SACHAROW und GLUSTSCHENKO in ihrer Veröffentlichung
keine näheren Angaben darüber, wie groß die Zeitspanne zwischen dem
beendeten Stauchvorgang und dem beginnenden Ausstoßen der Probe
war. Auch fehlen in dem Aufsatz Hinweise auf die verwendeten Werkstoffe und die gemessenen Temperaturen.

Die von den Schmierstoffen abhängige Haftkraft P_H zwischen Gesenk und Schmiedestück wurde zusammen mit der Untersuchung des mit der Schmierung veränderlichen Kraft- und Arbeitsbedarfes in der Schwungradspindelpresse ermittelt. Zu diesem Zweck war in die im Anhang 4 beschriebene Versuchseinrichtung (Abbildung 73 und 74) ein Auswerfer in den Halter für das Untergesenk so eingebaut, daß er den Zapfen der Gravur nach unten abschloß (Abb. 75a).

Im oberen Teil des in Abbildung 74 wiedergegebenen Oszillogramms ist der typische Verlauf der Auswerferkraft zu erkennen. Abbildung 26 zeigt die Haftkräfte, die beim Schmieden in der Schwungradspindelpresse bei 1° Gesenkschräge ermittelt wurden. Es sind Mittelwerte aus Meßergebnissen, die sich erst nach zwei bis drei Versuchen ergaben. Die Auswerferkräfte der ersten in die Gesenke geschlagenen Schmiedestücke lagen teilweise bedeutend höher. So wurde beim Schmieden im ungeschmierten Gesenk im ersten Versuch eine Auswerferkraft von mehr als 10 Mp gemessen; beim dritten Werkstück war sie auf den in Abbildung 26 aufgezeichneten Wert von 2100 kp abgefallen; danach dann nur noch wenig. Die Abweichungen waren im allgemeinen nicht größer als $\pm$ 12%, die bei diesen eigenartigen Verhältnissen und der Unsicherheit der Schmiermittelverteilung als gering bezeichnet werden können.

Während im Falle der Schmierung die Schmierstoffe erst voll zum Tragen kamen, nachdem sie durch die ersten Schmiedestücke in die Gesenkoberfläche eingearbeitet waren, bildete sich ohne Schmierung anscheinend ein Oxydfilm aus, der die Haftkraft verringerte.

Auffällig sind die hohen Auswerferkräfte bei der Schmierung mit Polyalkylenglykol und Diäthylenglykol, die auf eine völlige Zerstörung der Schmierschichten hindeuten. Sie sind dreimal größer als beim Schmieden mit Sägemehl und unterscheiden sich kaum von dem im nicht geschmierten Gesenk gemessenen Wert. Im Vergleich zur guten Schmierfähigkeit des Perchloräthylens, die mit der Bildung von trennenden und gleichzeitig reibmindernden (s. Abschnitt 3.2) Chloridschichten erklärt werden kann, scheinen die beiden synthetischen Schmierstoffe desoxydierend auf die Gesenkoberfläche zu wirken.

Abgesehen von diesen zwei Glykolen ist wie erwartet beim Gesenkschmieden mit Sägemehl die Haftkraft am größten. Bemerkenswert ist jedoch, daß sie gegenüber dem ungeschmierten Gesenk um 2/3 abnimmt. Demnach müssen sich bei der Verbrennung des Sägemehls Schichten bilden, die

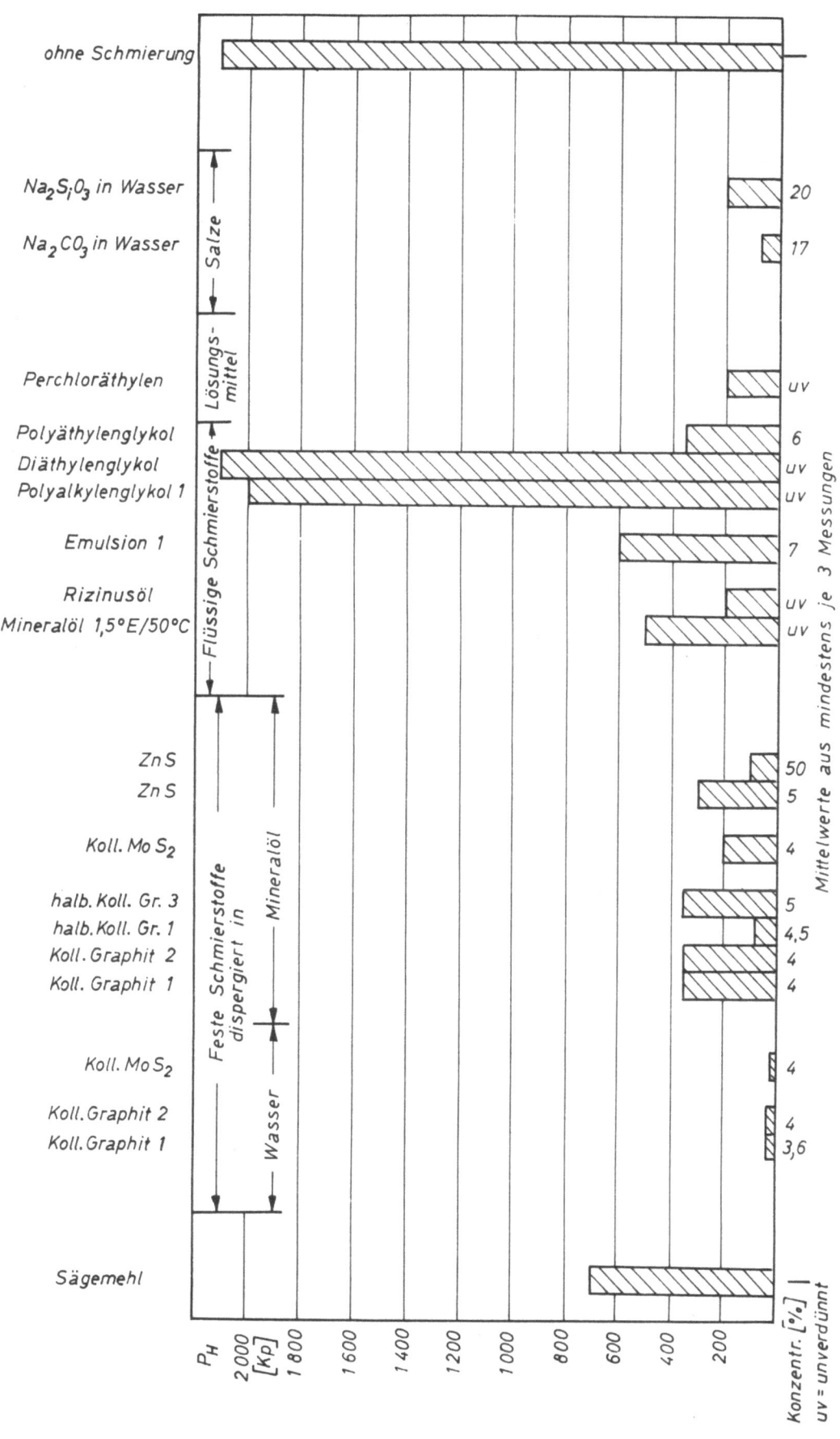

Abbildung 26

Haftkräfte im Gesenk beim Schmieden mit verschiedenen Schmierstoffen in der Schwungradspindelpresse
Werkstoff: 34 Cr 4; Umformtemperatur: $\vartheta_{sch} = 1150\,°C$

eine Trennwirkung hervorrufen. Auf die Bildung derartiger Fremdschichten ist auch mit großer Wahrscheinlichkeit die günstige Wirkung des Sägemehls auf den in Abschnitt 6 untersuchten Gesenkverschleiß zurückzuführen.

Die Haftkraft im Gesenk, das mit in Wasser dispergiertem kolloidalem Graphit 1 besprüht war, beträgt 30 kp und bei der Schmierung mit kolloidalem Graphit 2 und kolloidalem Molybdän-Disulfid in Wasser 20 kp. Damit sind diese Werte 100 mal kleiner als die im ungeschmierten Gesenk gemessenen Auswerferkräfte. Die einwandfreie meßtechnische Aufzeichnung dieser hervorragenden Trennwirkung der Trockenschmierfilme erforderte den im Anhang 4 erwähnten empfindlichen Haftkraftgeber. Die Versuchsergebnisse stehen im krassen Widerspruch zu den von SACHAROW und GLUSTSCHENKO [62] angegebenen Meßergebnissen bei der Schmierung mit 5% Graphit [13] in Wasser, die keinen nennenswerten Unterschied zu der hohen Haftkraft in der nicht geschmierten Matrize ergeben.

Weniger große Differenzen gegenüber den russischen Angaben bestehen dagegen in den Werten bei Wasserglas (Na_2SiO_3). Während SACHAROW bei 100% Wasserglas eine Abnahme der Haftkraft auf 1/5 angibt, fällt die Auswerferkraft bei den eigenen Versuchen mit einer 20%igen Lösung auf 1/10 ab. Dieser Unterschied dürfte in den verschiedenen Untersuchungsverfahren begründet sein. Analog zu den in Abschnitt 3.1 aufgeführten Schmierprüfungen beim Stauchen zwischen ebenen Bahnen führt die Prüfung der Schmierstoffe in der von den Russen abgewandelten Testmethode zu anderen Ergebnissen als beim Gesenkschmieden. Für die Ermittlung der Schmierwirkungen von <u>Gesenk</u>-Schmiermitteln ist daher das Schmieden im Gesenk am besten geeignet.

Die dreimal größere Haftkraft der 5%igen Zinksulfidlösung in Mineralöl im Vergleich zur 50%igen Lösung läßt vermuten, daß die Trennwirkung dieser Lösung vom Zinksulfid herrührt. Dieses geht wie das Perchloräthylen mit der Gesenkoberfläche chemische Reaktionen ein und bildet trennende Sulfidschichten.

Die bei einer 17%igen Natriumkarbonatlösung gemessene Haftkraft von 70 kp zeigt nach den in Wasser dispergierten Festschmierstoffen die beste Trennwirkung; sie liegt damit weit niedriger als bei den in Öl dispergierten Schmierstoffen, deren Haftkräfte zwischen 80 und 350 kp schwanken.

---

13) Der Aufsatz enthält keine näheren Angaben über den verwendeten Graphit

Die verhältnismäßig niedrigen Haftkräfte der festen Schmierstoffe in Öl
beruhen auf den guten Schmiereigenschaften des Graphits und Molybdän-
Disulfids; das ist daraus zu schließen, daß die Kraft bei dem Trägerstoff Öl allein wesentlich höher ist. Bemerkenswert ist wie beim Reibverhalten die niedrigere Auswerferkraft des halbkolloidalen Graphits
gegenüber dem kolloidalen Graphit.

Ein Vergleich der ermittelten Haftkräfte der Schmiermittel mit ihrem in
Abschnitt 3 untersuchten Reibverhalten zeigt, daß trotz einer nur ge-
ringen Kraft- und Arbeitsersparnis die Haftkraft gegenüber dem nicht
geschmierten Gesenk erheblich abnehmen kann. So ist vermutlich bei der
Schmierung mit Zinksulfid in Mineralöl die geringere Umformarbeit durch
das bessere Reibverhalten des Trägerstoffes Öl bedingt, die Abnahme der
Haftkraft dagegen aber auf das Zinksulfid zurückzuführen. Der große
Abfall der Auswerferkraft beim Schmieden mit Sägemehl steht in keinem
Verhältnis zu der nur geringfügig verringerten Umformkraft.

Hieraus geht hervor, daß die Verringerung der Haftkraft nicht ein günstiges Gleitverhalten zur Folge haben muß. Die Haftkraft ist offen-
sichtlich kein Maßstab für das Gleitreibverhalten eines Schmierstoffes,
sondern vielmehr ein Kennwert für seine Trennwirkung. Eine Rangfolge
von fünf repräsentativen Schmierstoffen ist in Abbildung 65 dargestellt
(vgl. Abschnitt 9).

Durch die Bildung von Schichten, die das Schmiedestück von der Gesenkoberfläche trennen, verhindern die Schmiermittel ein Festkleben in der
Gravur und verringern die damit verknüpfte Wärmebeanspruchung. Die
Schmierschichten erfüllen damit die in 2.3 angeführte Aufgabe, das Teil
aus dem Gesenk zu lösen und somit die Voraussetzung für einen betriebssicheren Arbeitsablauf zu schaffen. Schmierstoffe, die Trennschichten
bilden, erhöhen die Standmengen der Gesenke, indem sie das Festkleben
beim Schmieden der ersten Stücke vermindern und damit ein Anlassen des
Gesenkstahls vermeiden helfen. Für die Praxis ist wichtig, daß Schmiermittel, die kleine Haftkräfte ergeben, die Herstellung von Genauschmie-
destücken in tiefen Gravuren mit geringen Neigungswinkeln begünstigen.
Diese wiederum ergeben beträchtliche Einsparungen an Werkstoff und an
Bearbeitungskosten.

5. Der Gasdruck als Maß für die Treibwirkung des Schmierstoffes

Wie aus dem Schema auf Seite 29 hervorgeht, verhindern Schmierstoffe, die beim Schmieden hohe Gasdrücke erzeugen, ein Festkleben der Stücke im Gesenk, und verringern damit mittelbar den Verschleiß wegen der verminderten Wärmebeanspruchung des Werkstoffes. Das Lösen des Schmiedestücks aus der Gravur wird durch Gaspolster, die es nach dem Schmieden aus dem Gesenk heraustreiben, begünstigt oder gar besorgt. Somit bildet der Gasdruck einen Kennwert für das Lösen durch Treibwirkungen. Diese zu untersuchen, soll Aufgabe dieses Abschnittes sein. Zunächst seien einige der bekanntesten Meßverfahren für Gasdrücke erwähnt.

In der Innenballistik wird der in einem Verbrennungsraum auftretende Höchstdruck mit dem NOBLE'schen Stauchapparat [13] durch Stauchen eines Kupferzylinders bestimmt. Zu diesem Zweck wird in die Wandung des Verbrennungsgefäßes ein Gehäuse geschraubt, in das ein Stahlkolben eingeschliffen ist. Zwischen dessen Stirnfläche und einer Gegendruckschraube befindet sich ein Kupferzylinder, der zufolge des im Verbrennungsraum herrschenden Gasdrucks gestaucht wird. Ein anderer Autor benutzt ein nach dem gleichen Prinzip arbeitendes Meßei, das in das Innere der Druckgefäße gelegt wird [27]. Die Versuchsbedingungen bei den allgemein sehr kurzzeitigen Meßvorgängen weichen jedoch so stark von denen bei der Eichung ab, daß die Stauchkörper zu kleine Werte ergeben.

Der Gasdruckverlauf in Verbrennungsbomben wird neben mechanischen und optischen Verfahren mit piezoelektrischen Meßeinrichtungen aufgezeichnet [32]. Da bei den Messungen mit Quarzkristallen als Wandler für die Stauchkraft keine Massenbewegungen auftreten, arbeitet der Piezoindikator im Gegensatz zu den mechanischen Verfahren weitgehend trägheitslos.

In neuester Zeit berichtet GOHLKE [22] von elektronischen Meßverfahren zur Bestimmung von Druckhöchstwerten bei sehr schneller Stauchung, mit deren Hilfe er die Vorgänge beim Stauchen von Kupferzylindern untersuchte [23]. MINTROP [50] entwickelte ein einfaches Kalottenmeßei zur Messung von stoßartig auftretenden Gasdrücken. Dabei wird eine an einem zylindrisch geführten Körper angebrachte Kugelkalotte auf eine gehärtete angerußte Platte gedrückt. Aus dem Berührungskreisdurchmesser wird nach der HERTZ'schen Abplattung einer belasteten Kugel die größte wirksam gewesene Stoßkraft errechnet.

Druckmessungen bei Sprengungen werden mit Metallfolien vorgenommen, die in eine Meßdose eingespannt sind [30]. Unter der Wirkung des einseitigen Druckes baucht sich die Folie in Form einer Kalotte aus, die ein Maß für den Gasdruck ist. Meßmembranen enthalten auch die induktiv arbeitenden Druckindikatoren, mit denen Druckschwingungen in Zylindern von Kolbenmaschinen gemessen werden.

Eine kritische Betrachtung der vorgenannten Meßverfahren zeigt, daß keine dieser Untersuchungsmethoden für die Ermittlung des Gasdrucks im Gesenk verwendet werden kann. Bei der Höchstdruckmessung durch das Stauchen von Kupferzylindern ist es schwierig, die Proben völlig gleichartig herzustellen. Wegen des andersartigen zeitlichen Stauchkraftverlaufes bei der Eichung stimmt der Höchstdruck nur selten mit dem gemessenen Druck überein. Bei der Bewegung des Druckübertragungskolbens in seiner Bohrung entsteht Reibung und der Verbrennungsraum wird durch das Stauchen des Kupferzylinders vergrößert. Wenn diese Nachteile auch auf die Untersuchungen von Schußwaffen nur einen geringen Einfluß haben, so sind die Stauchzylinder für die Messung des Gasdrucks im Schmiedegesenk ungeeignet, da sie infolge ihrer Stauchung das Volumen des Druckraumes unzulässig verändern.

Das Kalottenmeßei nach MINTROP wäre an sich geeignet, aber seine aus dem hohen Druck im Gesenk erwachsenden Abmessungen untersagen den Einbau in das Versuchsgesenk, das dem Einbauraum der zur Verfügung stehenden Umformmaschinen angepaßt werden mußte.

Eingespannte Metallfolien an der Unterseite der Gravur scheitern an der Empfindlichkeit beim Schmiedevorgang. Auch geht es nicht an, die Gravur über eine Flüssigkeitssäule mit einer Membran zu verbinden, da bei der Kürze des Schmiedevorganges Druckstoßschwingungen in der Übertragungssäule aufträten [11]. Bei Druckindikatoren ist vor allem der schädliche Raum im Verhältnis zum Meßvolumen zu groß.

5.1 Versuchsaufbau

Damit die Treibwirkung der Schmiermittel beim Schmieden in der Schwungradspindelpresse, Bauart Weingarten, (s. Anhang 2) untersucht werden konnte, wurden die Versuche im Gesenk mit Gratspalt durchgeführt. Diese Form gewährleistet durch die Gratbildung des Schmiedestücks am besten die für die Druckmessungen erforderliche Abdichtung des Gesenkhohlraumes. Als Schmiedestück wurde ein einseitiger Zapfen mit Flansch gewählt, der nach Abbildung 27 mit einer Schräge von 8° ausgebildet war, damit er nicht in der Gravur festklebte. Da der Werkstoff erst am Ende der

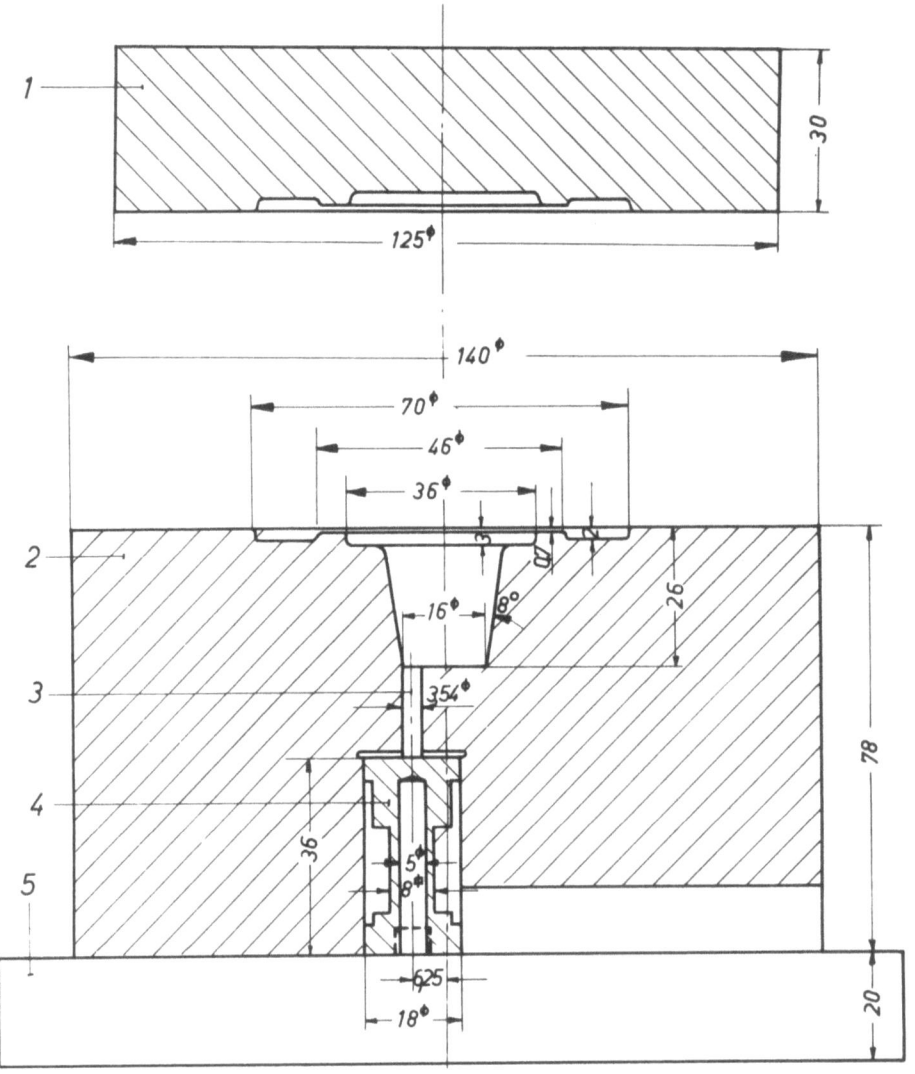

Abbildung 27
Versuchsgesenk zur Bestimmung des Gasdrucks
1 Obergesenk   4 Gasdruckgeber
2 Untergesenk   5 Spannplatte
3 Druckübertragungskolben

Umformung den äußeren Rand des Zapfenendes im Untergesenk 2 ausfüllt, entsteht in dieser Zone der größte Gasdruck in der Gravur. Daher wurde ein Druckübertragungskolben 3, der aus gezogenem Silberstahl bestand, nicht in der Mitte, sondern am Rand des Zapfens eingebaut. Er war in das Untergesenk so eingepaßt, daß er sich bei Raumtemperaur gerade noch von Hand verschieben ließ. Zwischen dem Kolben, der bündig mit der

Gravur abschloß, und der in das Untergesenk geschraubten Spannplatte 5 war der mit Dehnmeßstreifen beklebte Gasdruckgeber 4 angeordnet.

Mit dieser Versuchsanordnung war es möglich, den Gasdruckverlauf bei der Umformung im geschmierten Schmiedegesenk aufzunehmen und den Höchstdruck ohne eine das Ergebnis verfälschende Vergrößerung des Meßvolumens zu ermitteln. Die Druckmessung erfolgte damit rein statisch, ohne daß durch Deformationen bedingte Trägheitserscheinungen auftreten konnten.

Die Gesenke bestanden aus dem Werkstoff 56 NiCrMoV 7 und waren auf eine Härte von HR_c = 45 vergütet. Die Meßanordnung entsprach der im Anhang 4 beschriebenen Versuchseinrichtung. Nähere Einzelheiten gehen aus Abbildung 28 hervor.

Der in Abbildung 29 dargestellte Gasdruckgeber bestand aus Warmarbeitsstahl, der nach der mechanischen Bearbeitung spannungsfrei geglüht war. Mit den Flanschen an den Enden wurde der Geber in der Aufnahmebohrung des Untergesenkes geführt, so daß er nicht auf Biegung beansprucht werden konnte. Zur Steigerung der Empfindlichkeit war der quadratische Querschnitt von 8 x 8 mm 5 mm hohl gebohrt, auf den die in Reihe geschalteten Aktivstreifen geklebt waren. Es wurden in Phenolharzfolien eingebettete Dehnmeßstreifen für Temperaturen bis 200°C mit besonders kleinen Abmessungen verwendet.

Die Vorrichtung zum Eichen des Druckmessers zeigt Abbildung 30. Über die Kupferdichtung 4 wurde das Kopfstück 2 fest auf das Untergesenk 8 geschraubt, in das wie bei den Versuchen der Druckübertragungskolben 6 und der Gasdruckgeber 7 eingebaut waren. Die Gravur wurde mit flüssig gemachtem Mipolam 5 ausgegossen und der mit drei eingedrehten Dichtungskammern versehene Kolben 1 in der Bohrung des Kopfstückes 2 geführt. Dann wurde das Ganze mittels eines Kraftmeßbügels 11 (Bauart Wazau, Höchstlast 100 Mp) bis 100 Kp/mm^2 geeicht.

Zusätzlich durchgeführte direkte Eichungen des Gebers mit einem 1 Mp-Bügel ergaben gute Übereinstimmungen mit den über das gallertartige Mipolam vorgenommenen Eichungen und bestätigten die einwandfreie Druckübertragung des Kolbens 6.

5.2 Versuchsablauf

Als Probenwerkstoff wurde der Werkstoff C 15 verwendet. Die zylindrischen Proben mit 34 mm ⌀ und 23 mm Höhe bei gleichem Gewicht von

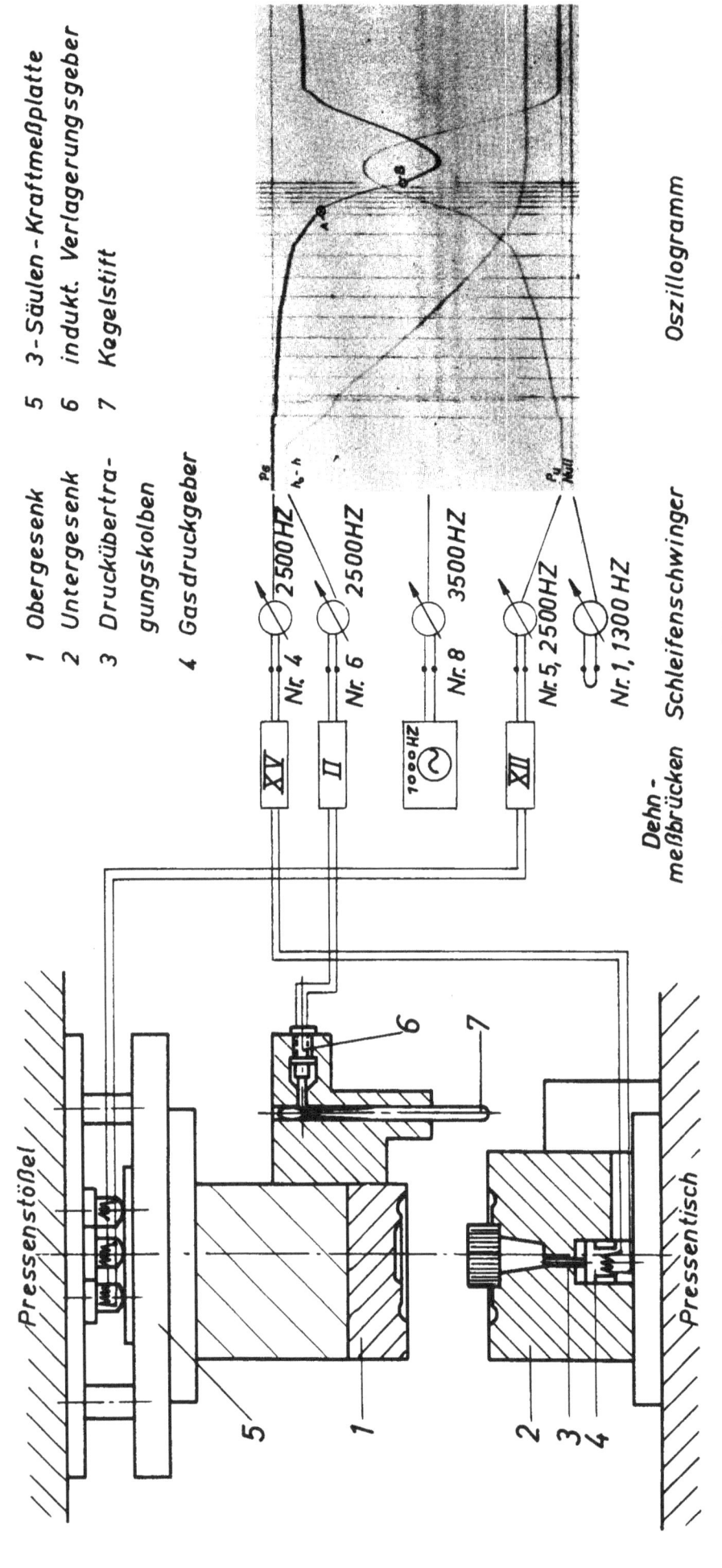

Abbildung 28   Versuchsaufbau in der Schwungradspindelpresse zum Messen des Druckverlaufs im Gesenk

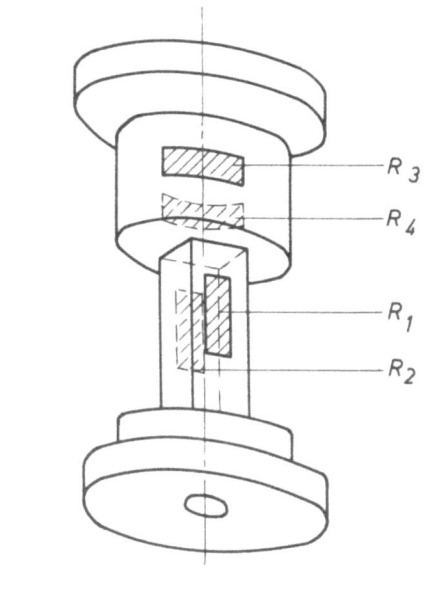

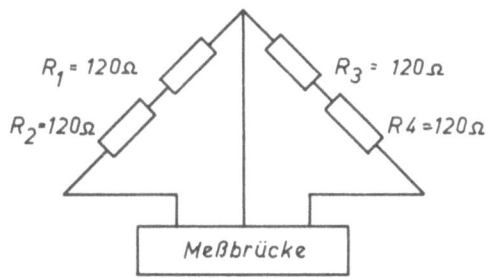

Abbildung 29
Anordnung der Dehnmeßstreifen (für Temperaturen bis 200°C)
auf dem Gasdruckgeber

162 ± 1,0 g wurden im Untergesenk durch den Flansch zentriert, wodurch die Ausnehmung für den Zapfen vor Beginn der Umformung abgeschlossen wurde.

Die Proben wurden bei 1150°C in dem auf 110 bis 120°C aufgeheizten Gesenk umgeformt. Die Messungen wurden bei den im Anhang 1 aufgeführten Schmiermitteln an vier und mehr Proben wiederholt. Nach Abschluß jeder Schmierstoffuntersuchung wurde das Gesenk sorgfältig mit Aceton und anderen Mitteln gereinigt.

Die Menge des einzelnen Schmiermittels war so bemessen, daß das Gesenk mit einem Film überzogen war, der bei der Umformung des Schmiedestücks gerade noch vergaste und ein völliges Ausfüllen der Gravur mit Werkstoff zuließ. Wie bei den bisherigen Untersuchungen wurden die Schmierstoffe mit einer Schmieranlage oder von Hand mit einem Pinsel in das Gesenk eingebracht.

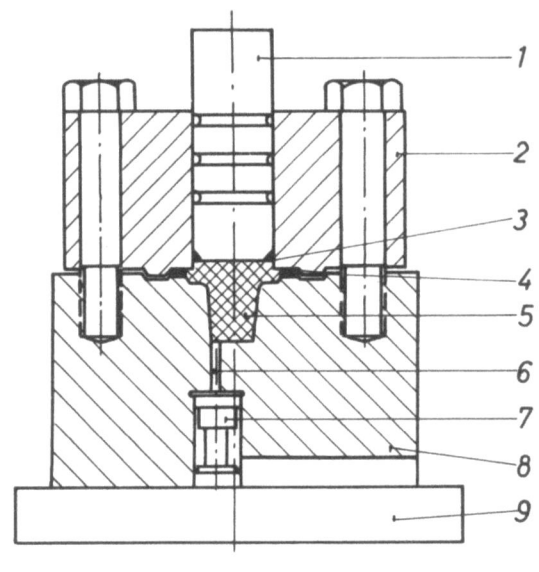

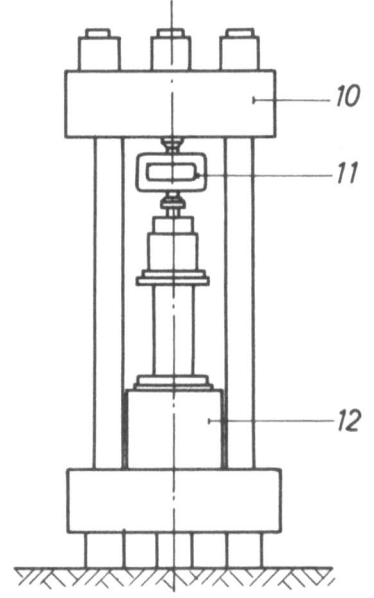

1 Kolben
2 Kopfstück
3 Gummidichtung
4 Kupferdichtung
5 Mipolam, gallertartig
6 Druckübertragungskolben
7 Gasdruckgeber
8 Untergesenk
9 Spannplatte
10 3-Säulen-Eichgestell
11 Meßbügel
12 Hubbock

Abbildung 30
Eichvorrichtung für den Gasdruckgeber

5.3 Ergebnisse

Neben dem zeitlichen Verlauf des Gasdrucks und des Umformweges wurde der Kraftverlauf gemessen, um die Abweichungen der einzelnen Schmiedeversuche mit dem gleichen Schmiermittel zu überprüfen. Eins der vielen erhaltenen Oszillogramme ist in Abbildung 28 wiedergegeben. Da die Probe voll ausgeschmiedet wurde, ist im oberen Kurvenverlauf deutlich der am Ende des Umformvorganges in der Gravur herrschende größte Gasdruck p_G (Punkt B) zu erkennen. Die Vergleiche der Gasdruckdiagramme, die von dem gleichen Schmierstoff aufgenommen worden waren, zeigten nur unbedeutende Unterschiede. Der Streubereich der gemessenen Höchstdrucke war im allgemeinen nicht größer als ± 8% und kann daher bei den großen Unterschieden zwischen den einzelnen Schmierstoffen als gering bezeichnet werden.

Mit einem auf das Untergesenk aufgelegten 1,5 mm starken Ring wurde erreicht, daß die Proben nicht voll ausgeschmiedet wurden. Die in diesen Versuchen gemachte Beobachtung, daß sich bei allen Schmierstoffen innerhalb bestimmter Grenzen der gleiche Gasenddruck einstellte, stimmte mit dem Gasdruckverlauf überein, der beim Ausschmieden der Proben ermittelt wurde. Die Kurven in den Abbildungen 31 bis 34 nehmen erst einen Millimeter vor Ende des Umformweges einen unterschiedlichen Verlauf. In diesem Bereich (s. A, B in Abb. 31), der einer Zeit von 15 ms entspricht, steigt der Gasdruck im Gesenk von 1500 at auf 4000 bis 8000 at an.

Die Abbildungen 31 bis 34 zeigen den Gasdruckverlauf bei den im Anhang 1 zusammengestellten Schmierstoffen; er ist nach Eliminieren der Zeit über dem Umformweg aufgetragen. Der untere Kurvenzug des in Abbildung 31 gezeigten Diagramms gibt die Verdichtung der in der kalten Gravur befindlichen Luft bei der Umformung einer Bleiprobe wieder. Infolge der Lufterwärmung durch das aufgeheizte Gesenk und das heiße Schmiedegut verläuft der Gasdruck beim Schmieden von Stahl ohne Schmierung wesentlich höher. Diese Kurve ist des Vergleiches halber in allen Schaubildern eingetragen. Der bei der Schmierung mit kolloidalem Graphit in Wasser ermittelte Wert liegt am Ende des Umformweges über dem des nicht geschmierten Gesenkes und läßt daher eine Vergasung des Graphits in diesem Bereich vermuten. Von allen untersuchten Stoffen weist Sägemehl die weitaus größte Treibwirkung mit einem mittleren Enddruck von 8300 at auf.

Wie aus Abbildung 32 hervorgeht, hat die Zusammensetzung der öligen Gesenkschmiermittel einen Einfluß auf die Treibwirkung. Wegen des Wassergehaltes der Emulsion 1 ist der Enddruck kleiner als bei der Schmierung mit reinem Mineralöl. Der Gasdruck nimmt mit zunehmendem Wassergehalt ab, weil der größte Teil des Wassers schon beim Einbringen in das warme Gesenk verdampft. Die höheren Werte bei dem in Mineralöl dispergierten kolloidalen Graphit deuten analog zu dem Verhalten der wäßrigen Graphitdispersion auf eine Vergasung des Graphits hin.

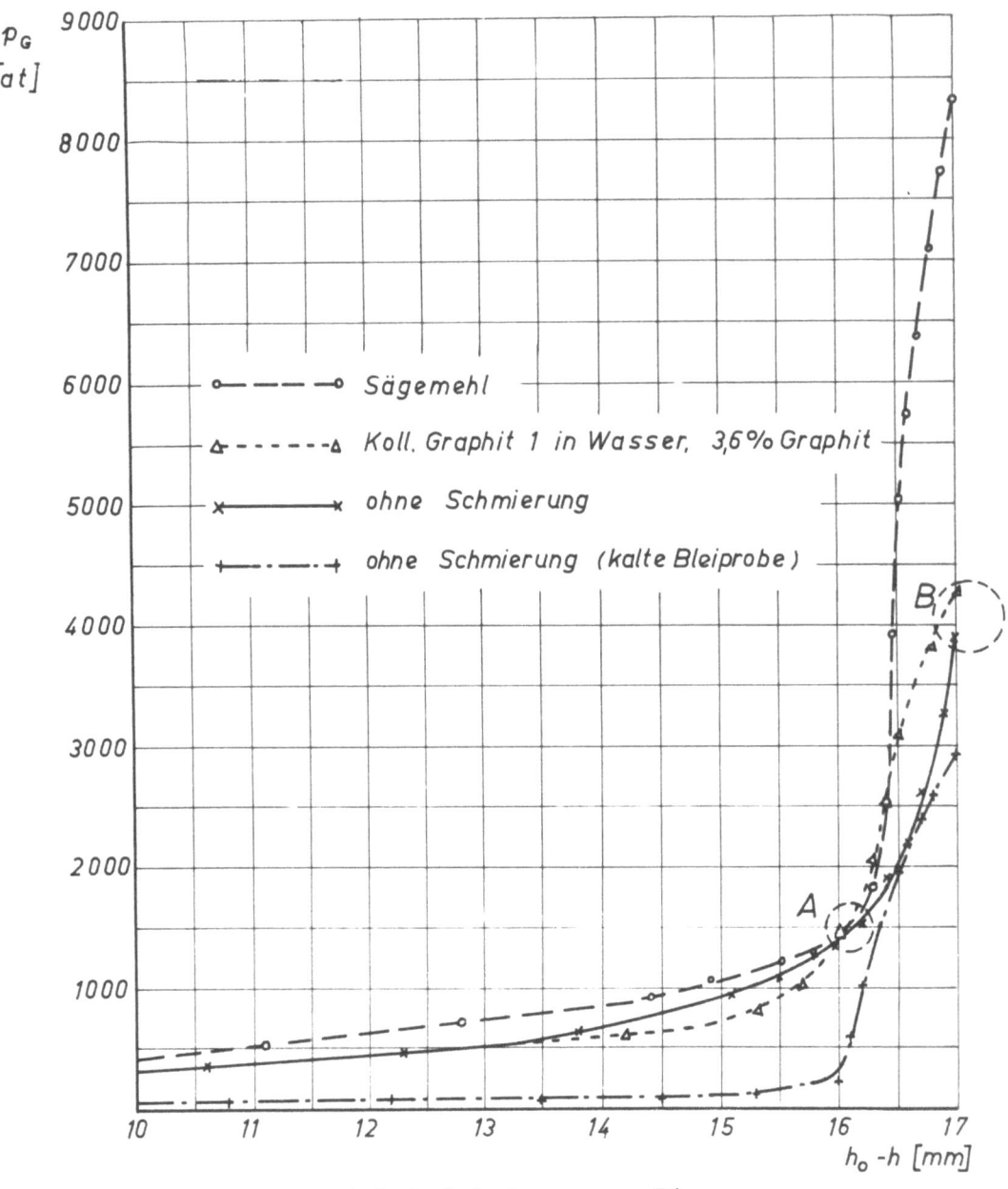

Abbildung 31

Gasdruck p_G im Gesenk in Abhängigkeit vom Stauchweg $h_o - h$ beim Schmieden in der Schwungradspindelpresse

Umformtemperatur: $\vartheta_{sch} = 1150°C$; Werkstoff C 15

Die Kurven in Abbildung 33 gelten für zwei synthetische Schmierstoffe. Wiederum verringert der höhere Wasseranteil die Treibwirkung, weshalb der Enddruck bei Polyalkylenglykol niedriger ist als der des Diäthylenglykols.

Bei der Besprühung des Gesenkes mit wäßrigen Salzlösungen liegen die ermittelten Höchstdrücke zwischen 4800 und 6600 at (Abb. 34). Dabei ist der Enddruck in dem mit der 20%igen Natriumsilikatlösung (Na_2SiO_3) ge-

Seite 72

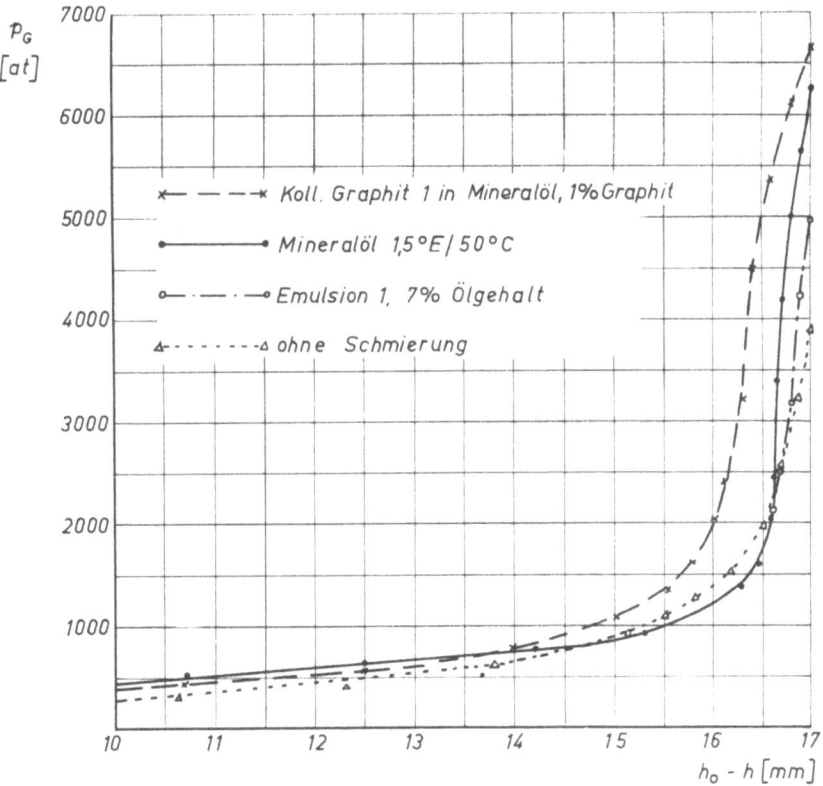

Abbildung 32

Änderung des Gasdrucks p_G im Gesenk mit dem Stauchweg $h_o - h$ beim Schmieden in der Schwungradspindelpresse mit Mineralöl

Umformtemperatur: $\vartheta_{sch} = 1150°C$; Werkstoff: C 15

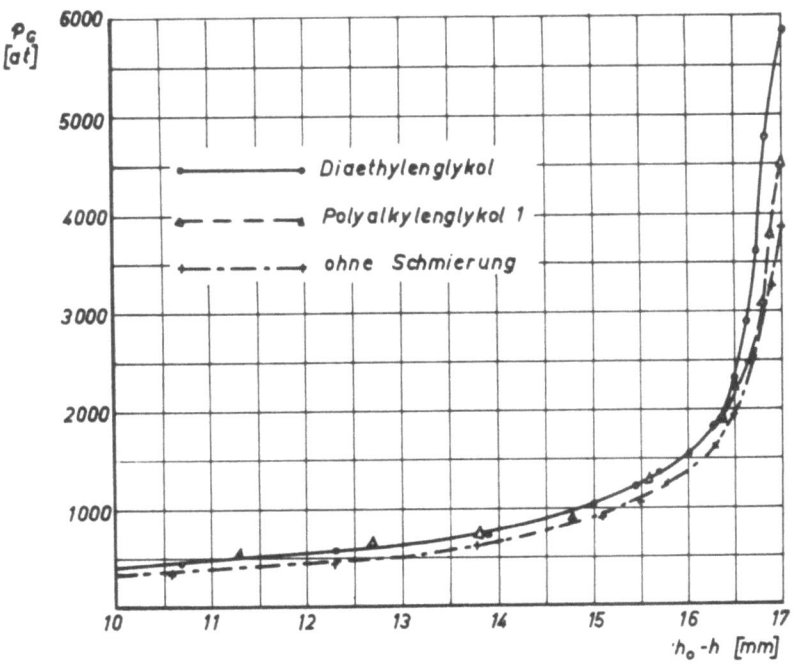

Abbildung 33

Änderung des Gasdrucks p_G im Gesenk mit dem Stauchweg $h_o - h$ beim Schmieden i. d. Schwungradspindelpresse m. synthetischen Schmierstoffen

Umformtemperatur: $\vartheta_{sch} = 1150°C$; Werkstoff: C 15

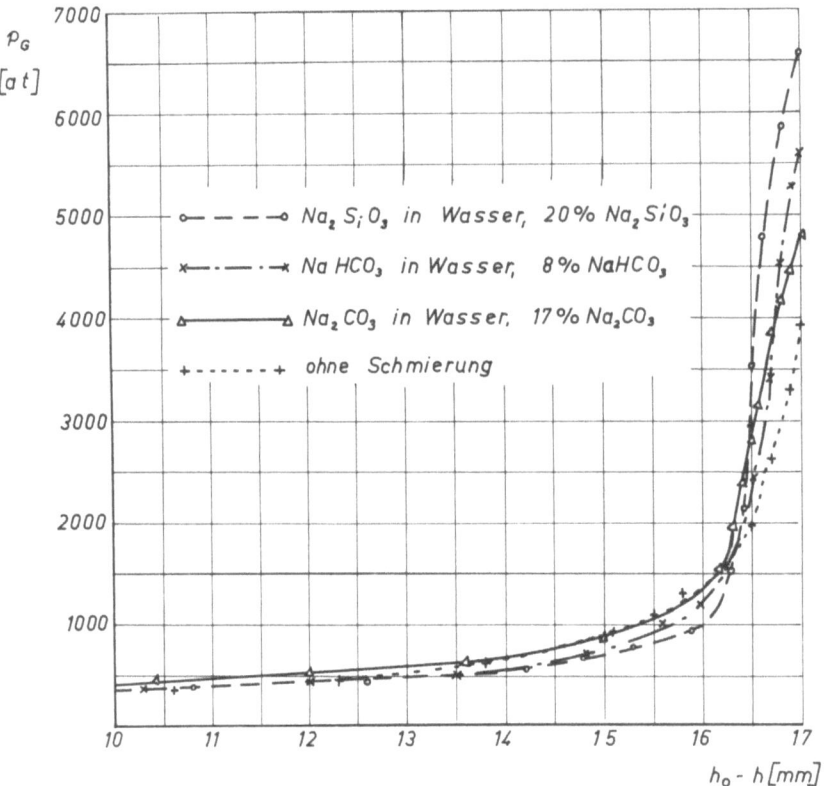

A b b i l d u n g 34

Änderung des Gasdrucks p_G im Gesenk mit dem Stauchweg $h_o - h$ beim Schmieden in der Schwungradspindelpresse mit in Wasser gelösten Salzen

Umformtemperatur: $\vartheta_{sch} = 1150^\circ C$;   Werkstoff: C 15

schmierten Gesenk fast doppelt so groß wie der der nicht geschmierten Gravur. Die Treibwirkung des Natriumbikarbonats ($NaHCO_3$) ist größer als die des Karbonats (Na_2CO_3).

Wie aus Abbildung 65 hervorgeht, gewinnen wir eine andere Rangfolge der untersuchten Schmierstoffe als bei der Verminderung der äußeren Reibkraft und der Haftkraft (vgl. Abschnitt 9). In Abbildung 35 sind die gemessenen Gasdrücke einander gegenübergestellt. Als Bezugsgröße dient der beim Stahlschmieden ohne Schmierung aufgetretene Enddruck der in der Gravur verdichteten Luft, auf den als Maß für die Treibwirkung die Zunahme des größten Gasdrucks im Untergesenk bezogen wird, also

$$\frac{p_{G_{sch}} - p_{G_o}}{p_{G_o}}$$

wobei sch geschmiert und o ohne Schmierung bedeuten.

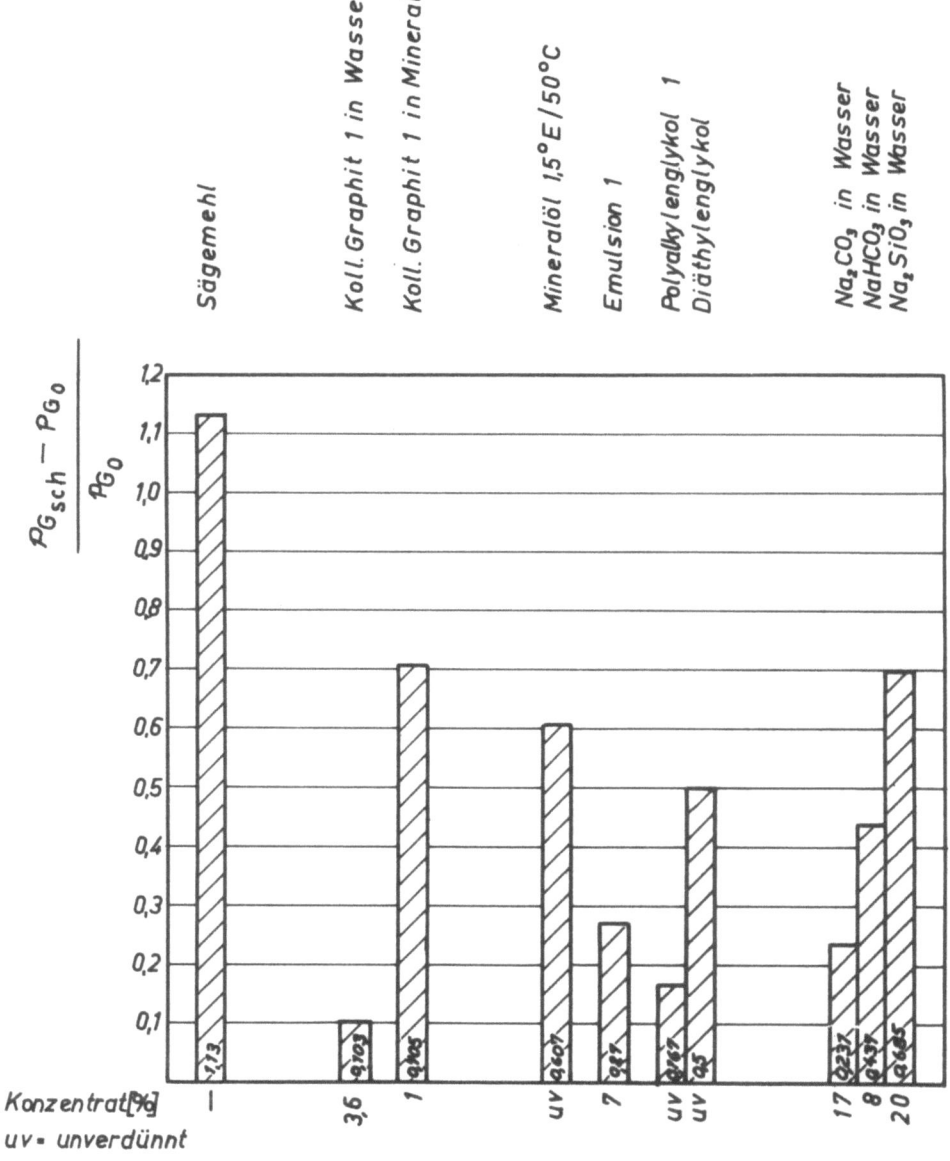

Abbildung 35

Bezogene Zunahme des größten Gasdrucks im Gesenk
beim Schmieden in der Schwungradspindelpresse

Umformtemperatur: $\vartheta_{sch} = 1150°C$; Werkstoff: C 15

Mittelwerte aus mindestens je 3 Messungen

Die größte Zunahme des Enddrucks, nämlich auf mehr als das Doppelte bei Sägemehl wird von der Erfahrung in Schmiedebetrieben bestätigt. Mit Abstand folgen der in Öl dispergierte kolloidale Graphit und die 20%ige Natriumsilikatlösung und danach Mineralöl. Die Treibwirkung der synthetischen Schmierstoffe nimmt ebenso wie bei den Ölemulsionen mit zunehmendem Wassergehalt ab. Wie erwartet, vergast die wäßrige Graphitdispersion nur sehr wenig und ist daher als Treibmittel für das Gesenkschmieden ungeeignet. Damit ergibt sich, daß mit der Zusammensetzung der Schmierstoffe ihre Treibwirkung beim Gesenkschmieden verändert werden kann.

Gute Treibmittel beanspruchen die Gesenke zusätzlich auf Druck, so daß er bei einer ungleichmäßigen Verteilung des Schmierstoffes örtlich wesentlich höher als die hier angegebenen Werte werden kann. Ähnlich wie bei der Pitting- oder Grübchenbildung an den Flanken hochbeanspruchter Zahnräder, die BARTEL und KUSS [3] auf die Anisotropie des Elastizitätsmoduls der Werkstoffe zurückführen, werden unter dem hohen Druck die Kristallite des Gesenkstahls in den verschiedenen Richtungen unterschiedlich zusammengedrückt. Hierdurch werden Spannungen hervorgerufen, die zur Entstehung kleiner Haarrisse führen. Die harten Zunderteilchen vergrößern durch ihre Schmirgelwirkung die Poren und zerstören die oberen Werkstoffschichten.

Die angestellten Betrachtungen zeigen, daß beim Gesenkschmieden eine Treibwirkung erwünscht ist, solange die Höhe des Gasdrucks die Formänderungsfestigkeit des Gesenkwerkstoffes nicht überschreitet.

6. Wirkung der Schmierung auf den Gesenkverschleiß

Nach DIN 50 320 (Vornorm) wird unter Verschleiß im Sinne der Technik die unerwünschte Veränderung der Oberfläche durch Lostrennen kleiner Teilchen infolge mechanischer Ursachen verstanden. Bei der Abnutzung der Gesenke spielen nicht nur mechanische, sondern auch physikalische und chemische Vorgänge eine wesentliche Rolle. Da sich diese Größen alle gegenseitig beeinflussen, ist der Gesenkverschleiß ein verwickelter Vorgang, der, wie der metallische Verschleiß allgemein, bisher noch nicht in allen Einzelheiten geklärt werden konnte.

Der Ablauf des Verschleißvorganges ist nach DIN 50 321 (Entwurf) durch zahlenmäßige Angabe des Verschleißbetrages und Merkmale der verschlissenen Oberfläche zu kennzeichnen. Da der Gesenkverschleiß wegen der verhältnismäßig hohen Gewichte der Gesenke volumetrisch oder gewichtsmäßig nur schwer anzugeben ist, wird er allgemein durch lineare Meßgrößen wie die Gesenkmaßänderung an bestimmten Stellen [42] gekennzeichnet.

Wegen der Unstetigkeit des Schmiedevorganges und der Verzunderung der Schmiedestücke sind radioaktive Verschleißmessungen beim Gesenkschmieden mit wesentlich größeren Schwierigkeiten verbunden als bei den Zerspanungsuntersuchungen. SMITH, SOUTHAN und WHITELEY [68] berichten von dem Einbau eines kleinen aktivierten Einsatzes in das Untergesenk, um die beim Schmieden auftretende Strahlung für das Bedienungspersonal gering zu halten. Die Messungen zeigten große Unregelmäßigkeiten, da sich der überwiegende Teil des abgeriebenen radioaktiven Werkstoffes am abgefallenen und um den Hammer verstreuten Zunder befand.

Nach dem in Abschnitt 2.3 aufgeführten Schema zielen die untersuchten dreierlei Wirkungen beim Schmieden von Stahl im Gesenk mit Gratspalt, nämlich

>die Verringerung des Kraft- und Arbeitsbedarfes,
>die Verringerung der im Wirkpaar auftretenden Haftkraft
>und   der in der Gravur herrschende Gasdruck

auf die Minderung des Gesenkverschleißes hin. Diese Auswirkungen sollen nun an Hand umfangreicher Versuche, die in einem Schmiedebetrieb Westdeutschlands [14] durchgeführt wurden, verfolgt werden.

6.1 Betriebsversuche in Spindelschlagpressen

6.11 Versuchsaufbau

Um die Wirkungen der Schmierstoffe mit ihrem Einfluß auf den Gesenkverschleiß vergleichen zu können, war es zweckmäßig, die Versuchsbedingungen der Eignungsprüfungen soweit wie möglich zu übernehmen und die Versuche mit einer einfachen Gravur durchzuführen, bei der keine weiteren durch die Gesenkform bedingten Nebeneinflüsse auftraten. Außerdem war ein Schmiedestück auszuwählen, das in genügend großer Stückzahl gefertigt wurde, nämlich der Rohling eines Getrieberads aus dem Stahl 34Cr4 in Blöckchen von 47 x 47 x 70 mm und einem Gewicht von 1,22...1,24 kp. Davon wurden 138 000 Stücke geschmiedet, für die 170 Mp Rohmaterial erforderlich waren.

Die Gesenke wurden feingedreht und zum Teil mit Bohrungen für die Auswerferbolzen der in der Schwungradspindelpresse eingebauten Auswerfervorrichtung für Unter- und Obergesenk versehen (Abb. 50). Sie bestanden aus den in Tabelle 1 aufgeführten Werkstoffen, die durch Abschrecken

---

[14] Deutsche Edelstahlwerke AG, Remscheid

in Öl und anschließendes Anlassen auf eine Härte von HR_c = 43...46 (49) vergütet waren. Während die Schmiedegesenke aus dem Werkstoff 56 NiCrMo7 in Blöcke eingearbeitet waren, wurden aus Gründen der Materialersparnis aus den Warmarbeitsstählen X 32 CrMoV 33 und X 30 WCrV 53 Gesenkeinsätze hergestellt, die durch Querpreßpassungen kraftschlüssig in Werkzeughaltern aus 56 NiCrMoV 7 befestigt waren.

Nach LANGE und MEINERT [42] ist der Gesenkverschleiß in der Schwungradspindelpresse viermal so groß wie beim Riemenfallhammer, da die Druckberührzeit und die damit verbundene Wärmebeanspruchung der Pressengesenke höher sind. Die Wirkung der Schmierung auf den Gesenkverschleiß wurde daher beim Schmieden in Spindelschlagpressen untersucht.

Wegen der zeitlichen Inanspruchnahme der Maschinen wurden die Versuche teils in einer Schwungradspindelpresse, Bauart Weingarten (Abb. 36), teils in einer Dreischeibenspindelpresse, Bauart Hasenclever, (Abb. 37) durchgeführt; ihre für die Untersuchungen wesentlichen Kenngrößen wichen nicht zu sehr voneinander ab (siehe Anhang 2).

Abbildung 36
Schwungradspindelpresse Bauart Weingarten

Abbildung 37
Dreischeibenspindelpresse Bauart Hasenclever

Tabelle 1
Richtanalysen der verwendeten Gesenkstähle

Werkstoff	Nr.15)	C %	Si %	Mn %	Cr %	Mo %	Ni %	V %	W %
X 32 CrMoV33	2365	0,35	0,3	0,3	2,6	3,0	–	0,5	0,5
X 30 WCrV53	2567	0,3	0,2	0,3	2,35	–	–	0,55	4,25
56 NiCrMoV7	2714	0,55	0,2	0,7	1,1	0,45	1,7	0,1	–

---

15) Werkstoff-Nr. nach DIN 17 006

6.12 Versuchsdurchführung

Die Rohlinge wurden induktiv auf 1180°C erwärmt und unter einer Kurbelpresse von 70 auf 30 mm Höhe vorgestaucht, wodurch der Zunder abplatzte. Die Butzen wurden bei 1150°C mit einem Schlag im Gesenk fertiggepreßt. Die Stückfolgezeit lag zwischen 12 und 14 s.

Die Gesenke wurden vor dem Schmieden mit Gasringbrennern auf Temperaturen von 150 bis 200°C erwärmt und während des Betriebes mit Luft gekühlt. Dabei wurde die Gesenktemperatur laufend mit dem Thermophil überprüft. Solange die Mindesteinbauhöhe noch nicht erreicht war, wurden die verschlissenen Gesenke nachgesetzt und für anschließende Versuche wieder verwendet.

Im Anhang 1 sind die Schmierstoffe zusammengestellt, deren Wirkung auf den Gesenkverschleiß untersucht wurde. Die Schmiermittel wurden mit der in Anhang 3 beschriebenen Schmieranlage in die Gesenke eingebracht. Dabei wurde die Einstellung des Mischventils durch die Verstellspindel mit den Öffnungszeiten der Magnetventile so abgestimmt, daß das Gesenk vor jedem Schlag mit einem gleichmäßigen Schmierfilm vollständig überzogen war. Allgemein wurde je Hub eine Flüssigkeitsmenge von 2... 4 cm^3 versprüht.

Vor dem Einbau wurden die Gesenke sorgfältig gesäubert und bei der Untersuchung fester in Wasser dispergierter Schmierstoffe, wie im Anhang 4 beschrieben, vorbehandelt.

6.2 Ergebnisse

6.21 Maßlicher Verschleiß der Gesenke

Als Kriterium für den makrogeometrischen Gesenkverschleiß verwendete NEUBERGER [54] die Gratdicke der geschmiedeten Teile. Diese Verschleißermittlung ist jedoch ziemlich ungenau, weil die Gratdicke durch die Schmiedetemperatur, die Lage des Rohlings in der Gravur und die aufgewendete Umformarbeit wesentlich beeinflußt wird. Daher wurde das Verschleißfortschreiten nachdem in der Forschungsstelle Gesenkschmieden üblichen Verfahren an maßgetreuen Bleiabdrücken beobachtet, die nach dem Schmieden von 50, 200, 500 und 1000 Stücken ohne große Unterbrechungen des Produktionsablaufs in jedes Gesenk geschlagen wurden.

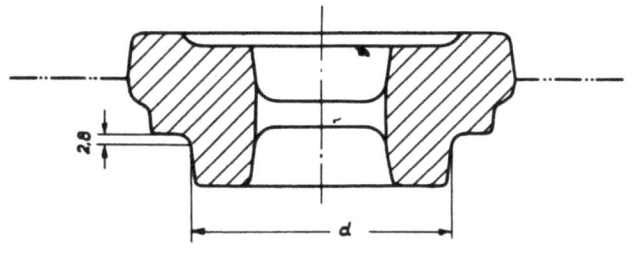

Abbildung 38
Getrieberad

Als kennzeichnendes Maß für den Makroverschleiß wurde der Durchmesser d an der in Abbildung 38 dargestellten Stelle der Bleiabdrücke ermittelt. Hierzu diente die in Abbildung 39 abgebildete Meßvorrichtung. Die Probe wurde gegen den festen Anschlag geschoben und der Durchmesser an sechs verschiedenen Stellen mit der Meßuhr abgetastet. Unter Berücksichtigung der bei Bleiabdrücken möglichen Abbildungsfehler [40] war die Streuung der gemessenen Werte im allgemeinen kleiner als $\pm$ 7%.

Abbildung 39
Meßvorrichtung zur Bestimmung der Gesenkmaßänderung

Für die im Anhang 1 zusammengestellten Schmierstoffe wurde die Gesenkmaßänderung

$$\Delta d = d_z - d_o \qquad 16)$$

in Abhängigkeit von der Stückzahl der in einem Gesenk geschmiedeten Teile ermittelt und in den Diagrammen Abbildung 40 bis 49 dargestellt. Vergleiche der Verschleißkurven von zwei und mehr mit dem gleichen Schmierstoff geschmierten Gesenken ergaben im allgemeinen keine großen Unterschiede, so daß die Versuche als gut wiederholbar angesehen werden können.

Alle gemessenen Gesenkmaßänderungen zeigen mehr oder weniger den allgemein üblichen Verlauf von Verschleißvorgängen, der in folgende drei Bereiche unterteilt werden kann:

      1. degressiver Bereich

      2. linearer Bereich

      3. progressiver Bereich

Der Bereich 1 kennzeichnet das "Einschlagen" des Gesenks. Die Unebenheiten der Oberfläche werden beseitigt. In Bereich 2 ist dieser Vorgang zum Abschluß gekommen, die Gravur wird nur durch Abrieb vergrößert. Im Bereich 3 beschleunigen örtliche Ermüdungserscheinungen den Verschleiß.

Somit ergeben sich drei Möglichkeiten, den Verschleiß zu verringern:

      1. den Bereich 1 verkleinern

      2. die Steigung der Verschleißkurve im Bereich 2 senken

      3. den Bereich 3 nach höheren Stückzahlen verschieben.

Wie wirken nun die verschiedenen Schmiermittel?

Beim Schmieden mit Sägemehl ist die Gesenkmaßänderung Δd am kleinsten (Abb. 40). Entsprechend dem üblichen Verschleißverlauf steigt die Kurve zunächst verhältnismäßig steil an (Bereich 1 : 0 bis A) und nimmt nach 1000 geschmiedeten Stücken weniger stark zu.

---

16) d_z nach z Schmiedestücken

      d_o vor dem Schmieden

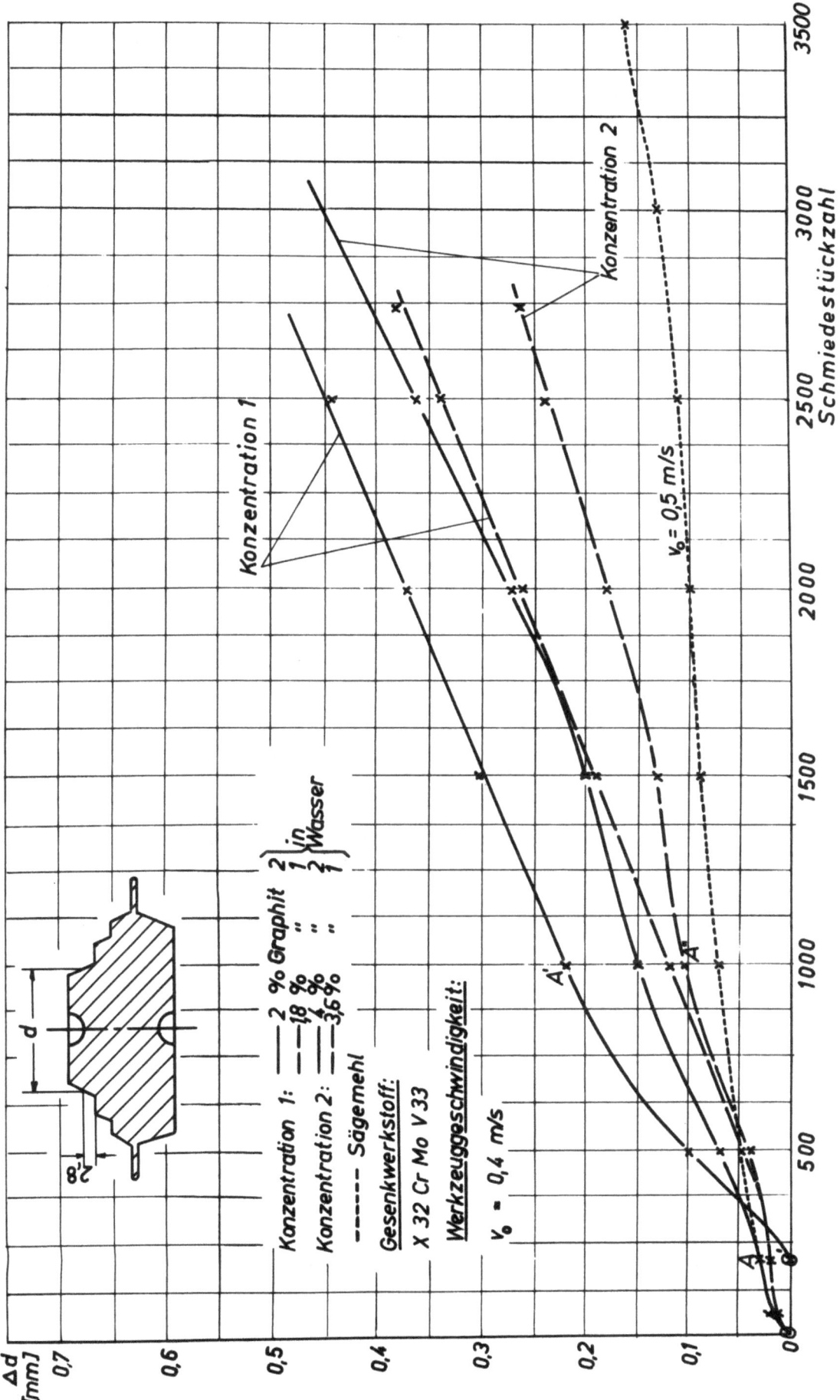

Abbildung 40   Gesenkmaßänderung Δd bei Schmierung mit Graphit in Wasser

Anders verhalten sich die mit kolloidalem Graphit geschmierten Gesenke. Hier verlagert sich der Bereich 1 (0' bis A') um 250 Schmiedestücke, so daß in diesem Abschnitt die Durchmesserzunahme geringer als bei der Verwendung von Sägemehl ist. Dieser Vorteil verschwindet jedoch im Bereich 2.

Während die Kurvenverläufe im Bereich 1 mit den Versuchen von NEUBERGER [54] gut übereinstimmen, weichen die Steigungen der Verschleißgeraden im Bereich 2 erheblich voneinander ab. NEUBERGER erzielte bei der Schmierung mit einer wäßrigen Graphitdispersion eine Erhöhung der Standmenge um 60%, SACHAROW und GLUSTSCHENKO [62] konnten durch Vorbehandlung der Gesenke mit kolloidalem Graphit in Wasser die Standmengen beim Schmieden von Pleueln und Radnaben steigern und in einer amerikanischen Gesenkschmiede wurde sogar die Lebensdauer einer bestimmten Gravur auf fast das Doppelte erhöht [29, 12, 39, 51, 19]. Diese und andere Angaben [77] stehen in keinem Verhältnis zu den mit Graphit in Wasser und Öl gefundenen Ergebnissen, bei denen der Gesenkverschleiß nach 2500 Schmiedestücken fast zwei- bis viermal größer als beim Schmieden mit Sägemehl ist (Abb. 40 und 42).

Wie aus Abbildung 40 hervorgeht, steigen die Verschleißkurven der beiden Graphitsorten 1 und 2 im Bereich 1 (0 bis A'' und 0' bis A') verschieden stark an, wodurch sich gegen Ende des Bereiches 2 beträchtliche Unterschiede in der Gesenkmaßänderung ergeben, obwohl die Steigungen der Geraden nur verhältnismäßig wenig voneinander abweichen. Mit der Verdoppelung der Konzentration wird bei beiden Graphiten der Bereich 1 verkleinert und damit der Verschleiß verringert.

Auf Grund dieser Ergebnisse wurden die Gesenke mit Wasser besprüht, um seinen Einfluß auf den Gesenkverschleiß festzustellen. Diese Versuchsreihe wurde durch die Verwendung von Auswerfern im Ober- und Untergesenk ermöglicht, die die Schmiedestücke sofort nach dem Umformvorgang aus dem Gesenk lösten. Das Wasser hatte eine mittlere Härte von 4,1°dH (1 deutscher Härtegrad [°dH] = 10 mg CaO in 1 l Wasser). Den Erwartungen entsprechend ist hierbei die Gesenkmaßänderung Δd größer als beim Schmieden mit Sägemehl (Abbildung 41). Durch das Besprühen mit Wasser unmittelbar nach dem Schmieden der Stücke wird die Gesenkoberfläche jedesmal abgeschreckt, so daß sich ein Netz von feinen Rissen bildet. Bei wäßrigen Graphitdispersionen wird die Abschreckwirkung des Wassers offenbar gemildert, denn die Durchmesserzunahme ist kleiner als bei der Besprühung mit Wasser (Abbildung 42).

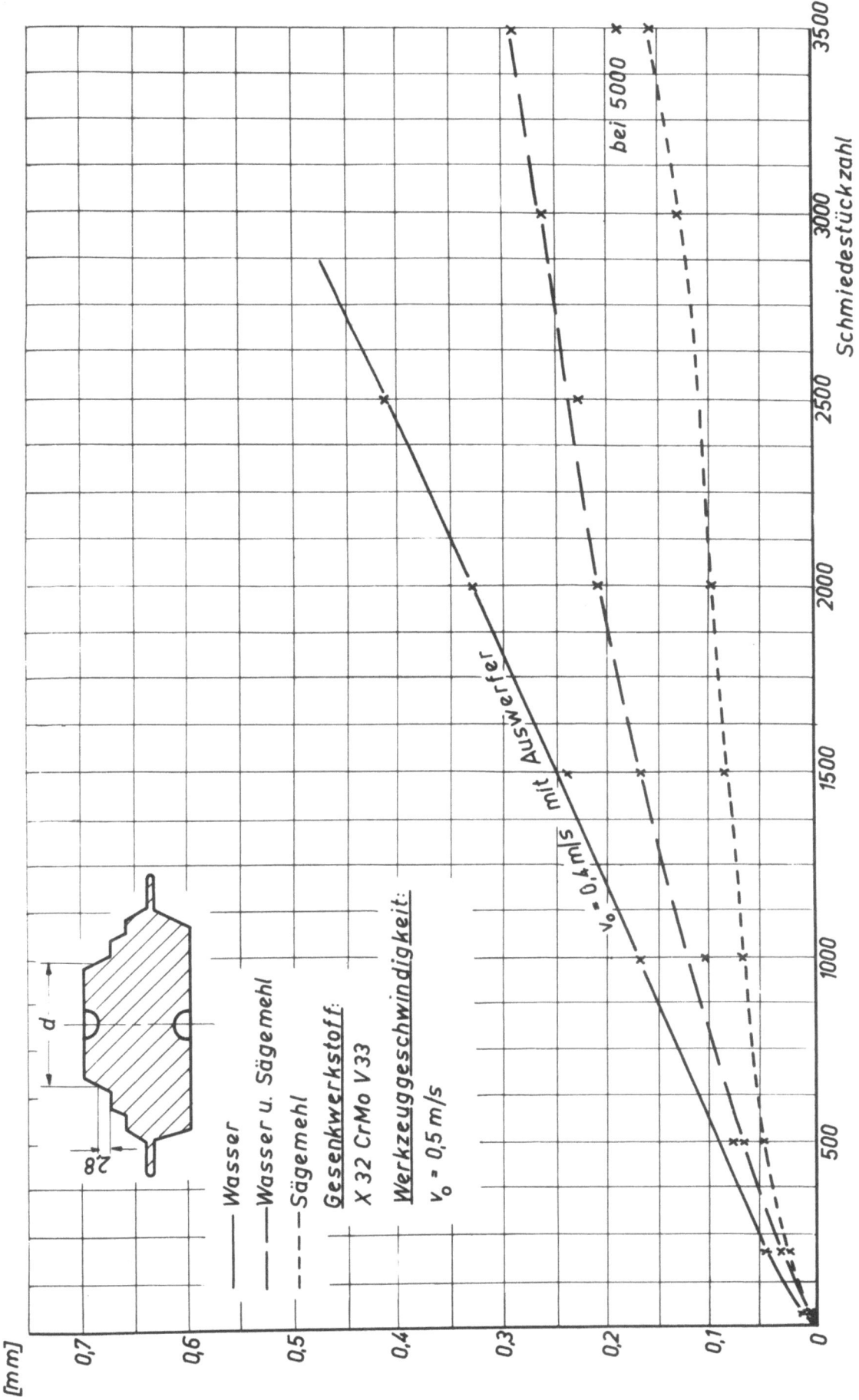

Abbildung 41 Gesenkmaßänderung Δd beim Schmieden mit Sägemehl und Wasser

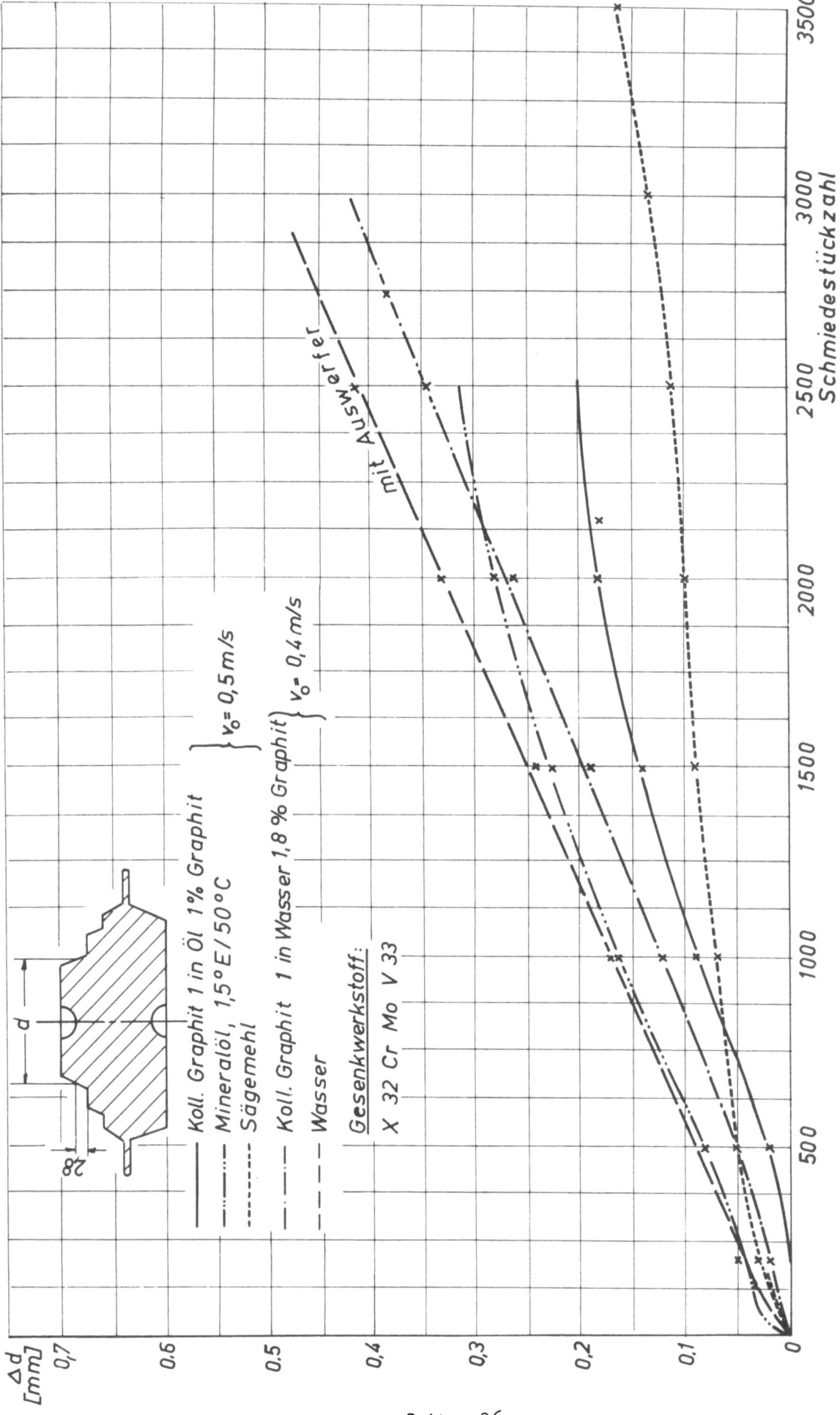

Abbildung 42   Gesenkmaßänderung Δd bei Schmierung mit Graphit in Wasser und Öl

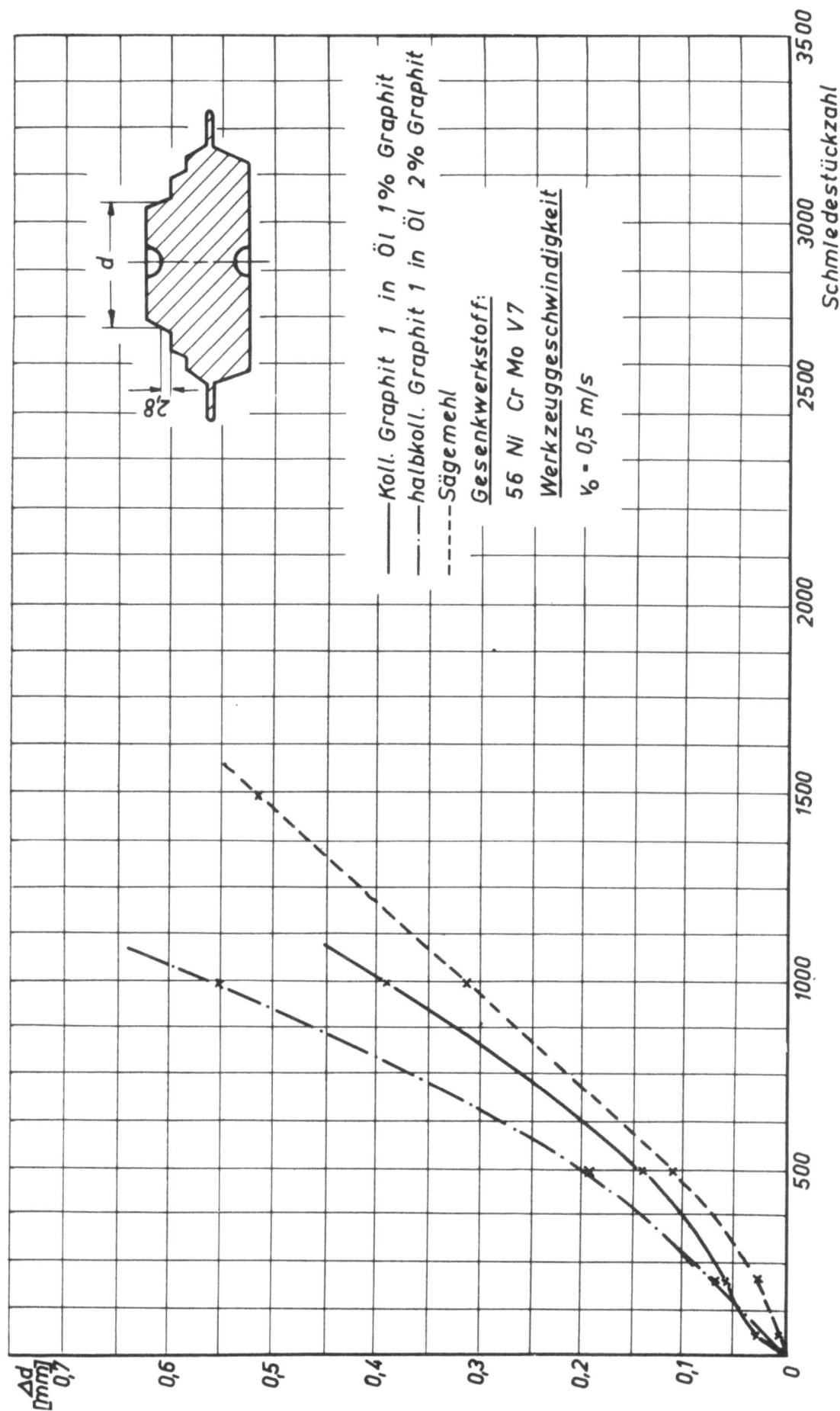

Abbildung 43
Gesenkmaßänderung Δd bei Schmierung mit Graphit in Öl

Aufschlußreich sind weiterhin die Ergebnisse bei kolloidalem Graphit in
Mineralöl (Abb. 42). Hier ist der Verschleißzuwachs gegenüber der Schmierung mit in Wasser dispergiertem Graphit nach 2500 Schmiedestücken fast
nur noch halb so groß. Dies wurde auch in Vorversuchen beim Gesenkschmieden von Verschlußstopfen in der Schwungradspindelpresse in der
Forschungsstelle Gesenkschmieden beobachtet [17]; gleichwohl ist der Gesenkverschleiß bei der Graphitschmierung größer als bei Sägemehl.

Die in Abbildung 43 wiedergegebenen Kurven lassen das schlechtere Verschleißverhalten des halbkolloidalen Graphits gegenüber dem kolloidalen
Graphit erkennen.

Die bei der Graphitschmierung erhaltenen Versuchsergebnisse scheinen die
Untersuchungen von SAVAGE (siehe Abschnitt 2.3) zu bestätigen, wonach
die Schmierwirkung des Graphits weniger auf seine Lamellenstruktur als
vielmehr auf die an den Lamellenoberflächen adsorbierten Gase und Dämpfe
zurückzuführen ist. Da nach Abbildung 8 bei der Graphitschmierung der
Verschleiß mit abnehmendem Wasserdampfdruck zunimmt, scheinen die adsorbierten Schichten an den Graphitlamellen auf der warmen Gesenkoberfläche so zu verdampfen, daß sie teilweise zerstört werden. Hierdurch verlieren sie ihre Schmierwirkung und vermehren den Verschleiß. Die niedrigere Verschleißzunahme bei der Schmierung mit höherer Konzentration
(Abb. 40) und bei der Schmierung mit Mineralöl als Trägerstoff (Abb. 42)
deutet daraufhin, daß die Adsorptionsfilme wegen der größeren Anzahl der
übereinander liegenden Schichten bzw. wegen des Ölfilms nicht so stark
verdampfen können und damit die Abnutzung vermindern.

Nach einer Firmenmitteilung [18] wurden durch Besprühen der Gesenke mit
einer wäßrigen Molybdän-Disulfid-Dispersion beim Schmieden von Aufhängeösen und Kranhaken die Standmengen auf mehr als das Doppelte erhöht.
NORMAN [55] berichtet von guten Anwendungsmöglichkeiten des Molybdän-Disulfids beim Gesenkschmieden. In Abbildung 44 ist im Vergleich hierzu
und zur Gesenkmaßänderung Δd bei der Schmierung mit wäßrigen Graphitdispersionen der Verschleiß bei kolloidalem Molybdän-Disulfid in Wasser

---

[17] Versuche mit Flockengraphit in Öl ergaben dagegen keine Erhöhung der Standmenge.

[18] MOLYKOTE, Mitteilung aus Forschung und Praxis 4 (1959) Heft 1, Seite 4.

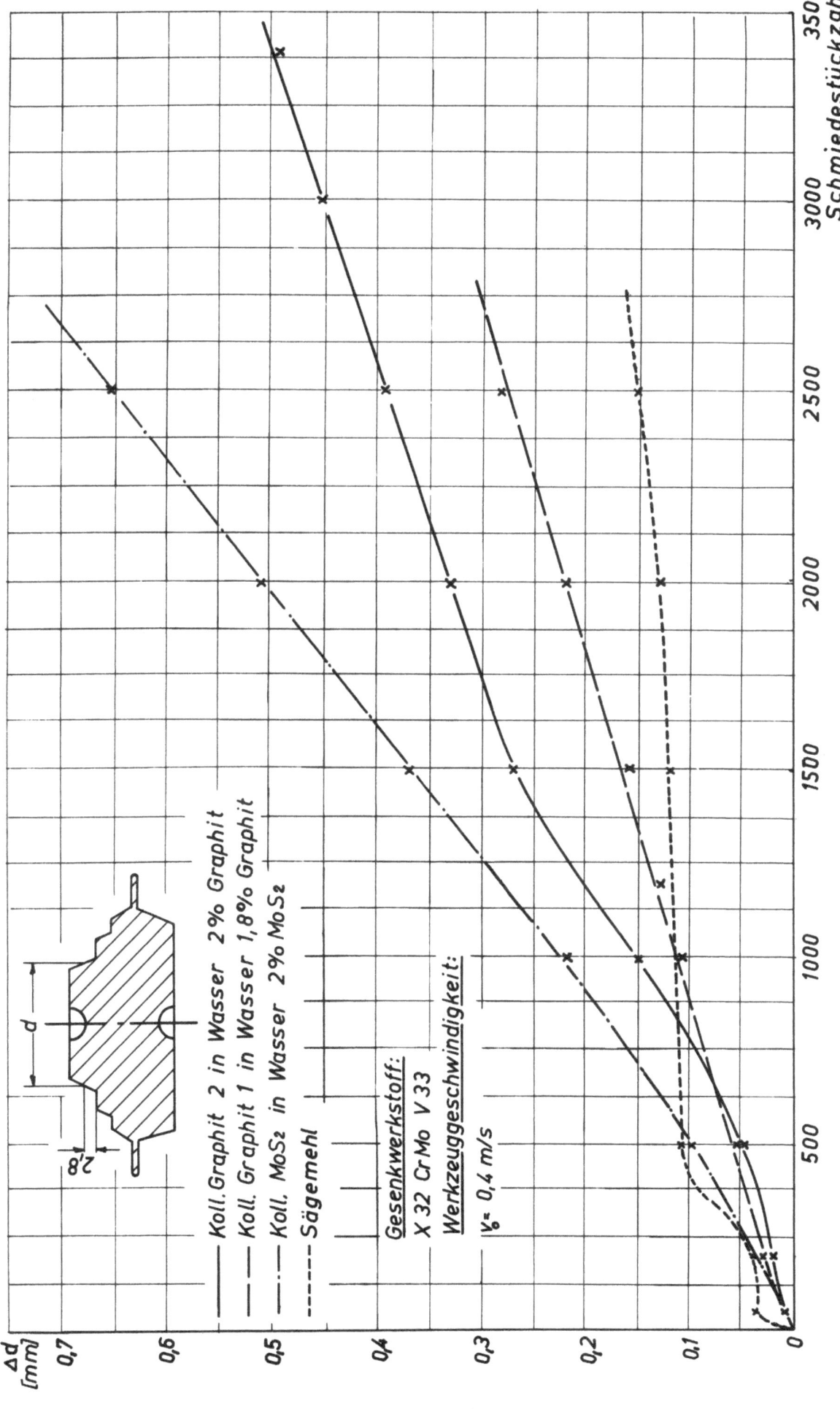

Abbildung 44   Gesenkmaßänderung Δd beim Schmieden mit Auswerfer und versch. Schmierung

aufgetragen. Danach ist er bei diesem Schmierstoff nach 2000 geschmiedeten Stücken mehr als viermal größer als beim Schmieden mit Sägemehl und doppelt so hoch wie bei der Graphitschmierung.

Dieses Verhalten ist nach den in Abschnitt 2.3 (Abbildung 11 und 12) angeführten Molybdän-Disulfid-Untersuchungen von GODFREY und NELSON und BOWDEN und FREITAG so zu erklären, daß beim Gesenkschmieden die Temperaturbeständigkeit des MoS_2 überschritten wird und das zu Molybdän-Trioxyd oxydierte Molybdän-Disulfid auf Grund seiner schmirgelnden Wirkung den Gesenkverschleiß vermehrt.

Abbildung 45 zeigt die ungünstige Wirkung des Festschmiermittels Zinksulfid auf das Verschleißverhalten der Schmiedegesenke. Dieses Ergebnis läuft parallel zu dem in Abschnitt 3.2 ermittelten schlechten Reibverhalten (Abb. 21). Die im Vergleich hierzu geringere Durchmesserzunahme bei der Schmierung mit Zinksulfid in Wasser ist auf den Stabilisator zurückzuführen, mit dessen Hilfe die zur Verfügung gestellte ZnS-Paste in wäßrige Lösung gebracht wurde.

In den Abbildung 46 und 47 sind die Gesenkmaßänderungen wiedergegeben, die beim Schmieren verschiedener Gesenkstoffe mit flüssigen Schmierstoffen ermittelt wurden. Beim Besprühen des Gesenkwerkstoffes X 32 CrMoV33 mit den synthetischen Glykolen beginnt der Bereich 1 erst nach 500 Schmiedestücken, doch ist der Verschleißzuwachs schon nach 1 000 Stück wegen der größeren Steigung der Geraden im zweiten Bereich höher als beim Schmieden mit Sägemehl. Obwohl der Ölgehalt der Emulsion 2 fast viermal größer als der Ölanteil der Emulsion 1 ist, beträgt die Durchmesserzunahme bei Emulsion 2 nach 1000 Stück bereits das Dreifache der bei Emulsion 1 (Abb. 47). Wenn auch die Flammpunkte aller Öle mehr oder weniger im Bereich der beim Gesenkschmieden auftretenden Gesenktemperaturen liegen (Abschnitt 2.3) und daher schon beim Berühren mit den Gesenken zum größten Teil verdampfen, so zeigt doch dieses Ergebnis die unterschiedlichen Wirkungen der Verbrennungsprodukte auf den Gesenkverschleiß.

Bei der Schmierung mit Natriumkarbonat und Natriumbikarbonat ist der Bereich 1 sehr klein, jedoch steigen die Verschleißgeraden im Bereich 2 steil an. Nach 1500 Schmiedestücken beginnen bereits Ermüdungserscheinungen des Gesenkwerkstoffes sichtbar zu werden. (Abb. 48) Durch Zugabe von 1% kolloidalem Graphit wird der Verschleiß um die Hälfte verringert, mit der Zumischung von Natriumchlorid dagegen vergrößert (Abb. 49).

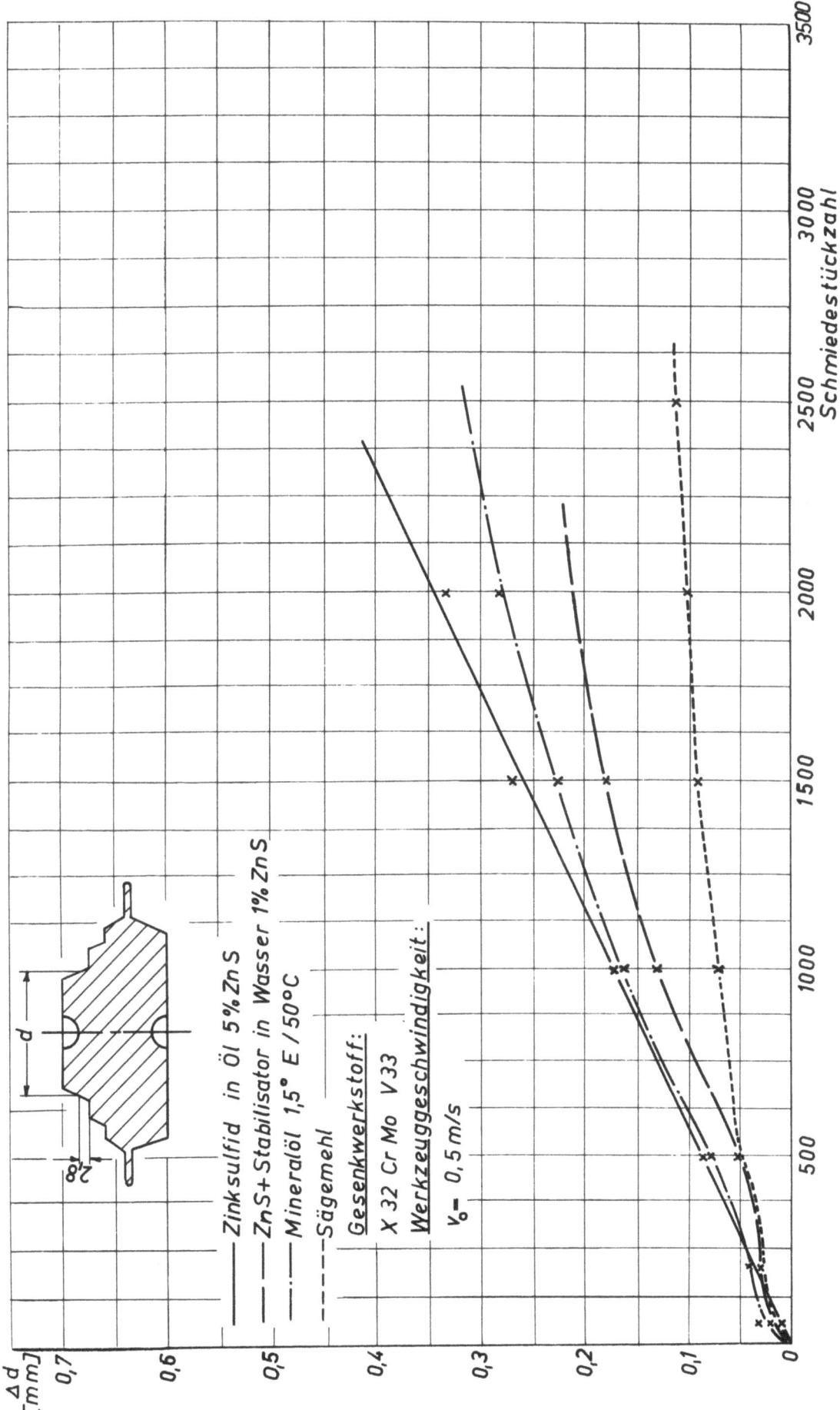

Abbildung 45
Gesenkmaßänderung Δd bei Schmierung mit Zinksulfid

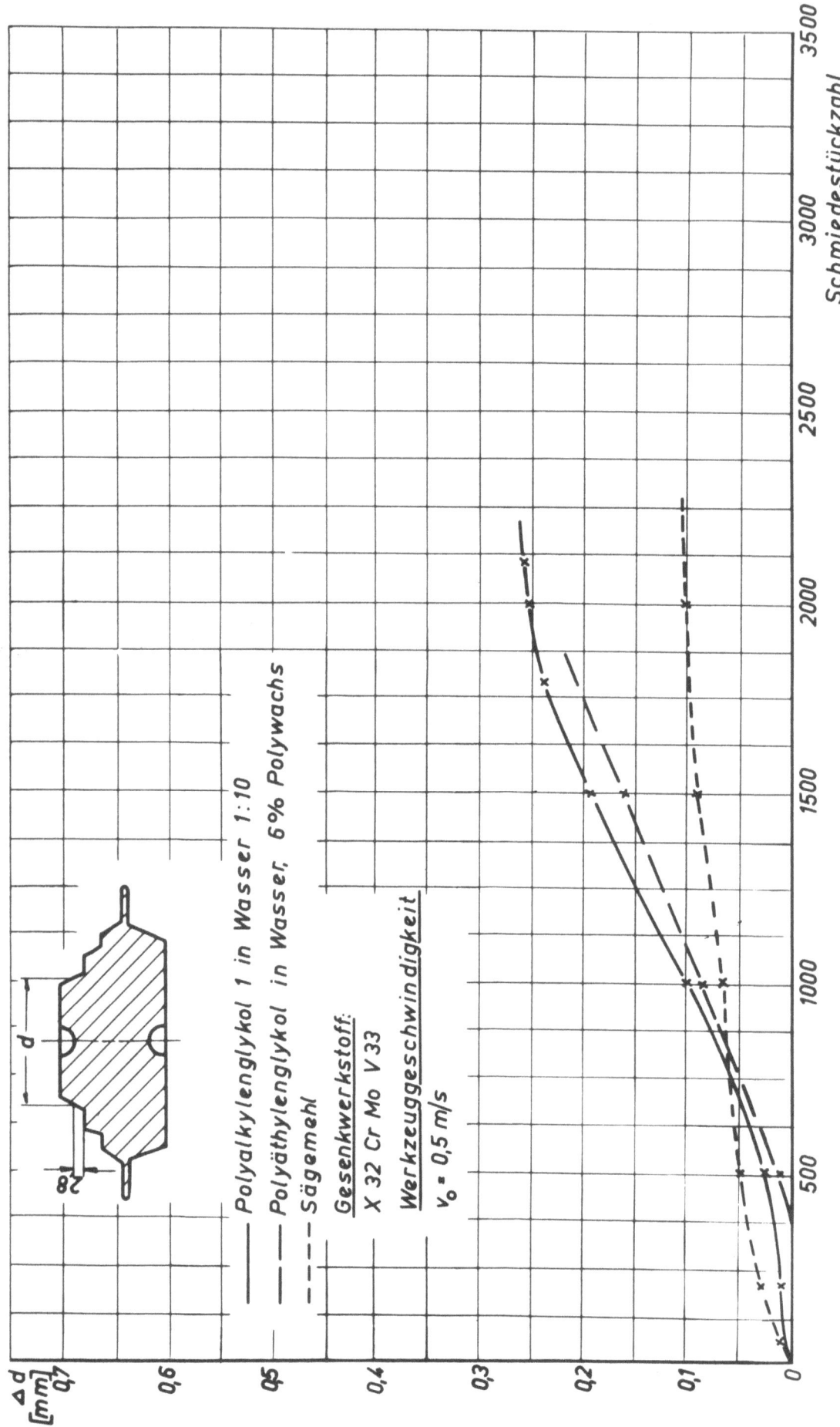

Abbildung 46
Gesenkmaßänderung Δd bei verschiedener Schmierung

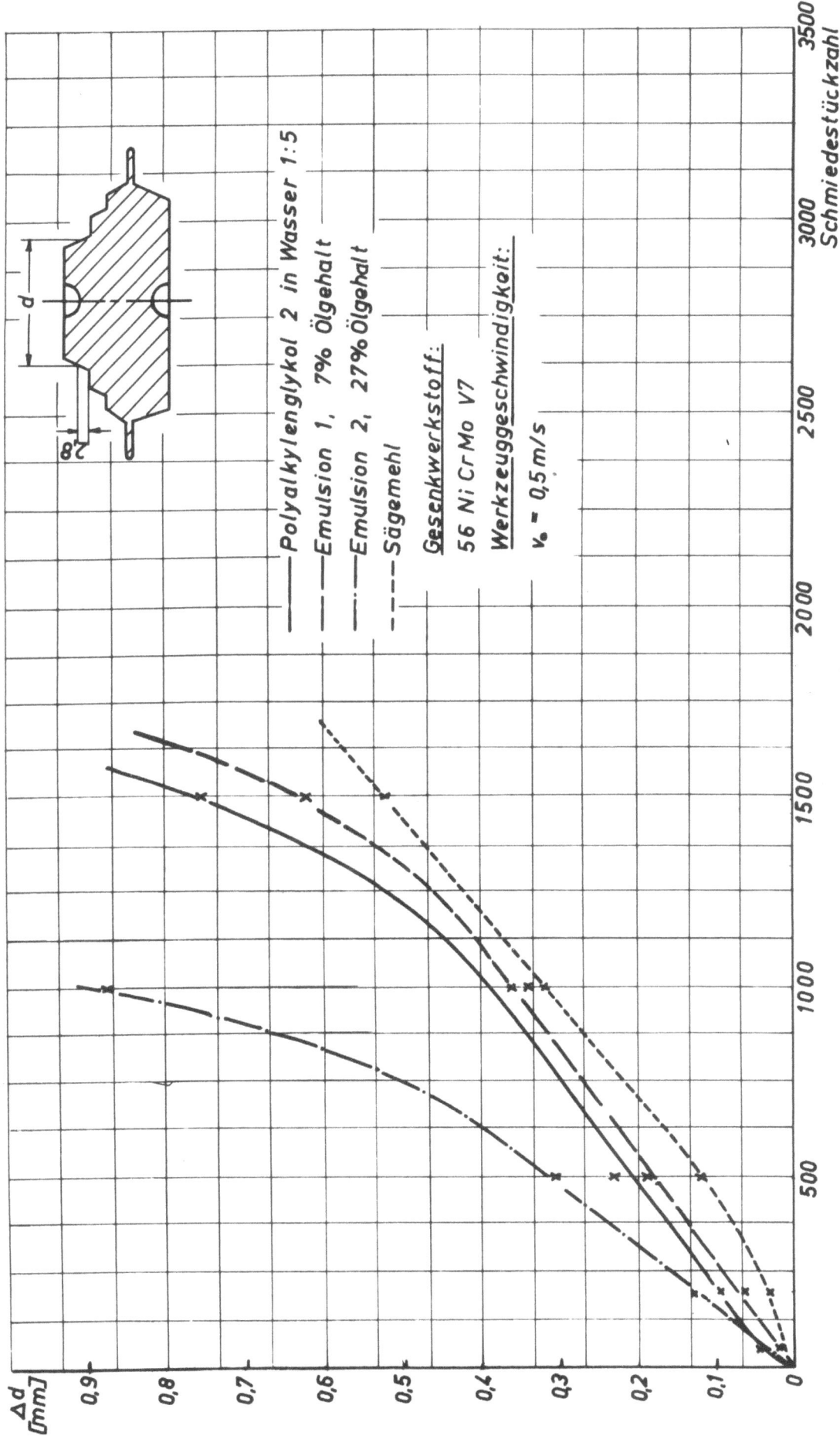

Abbildung 47
Gesenkmaßänderung Δd bei verschiedener Schmierung

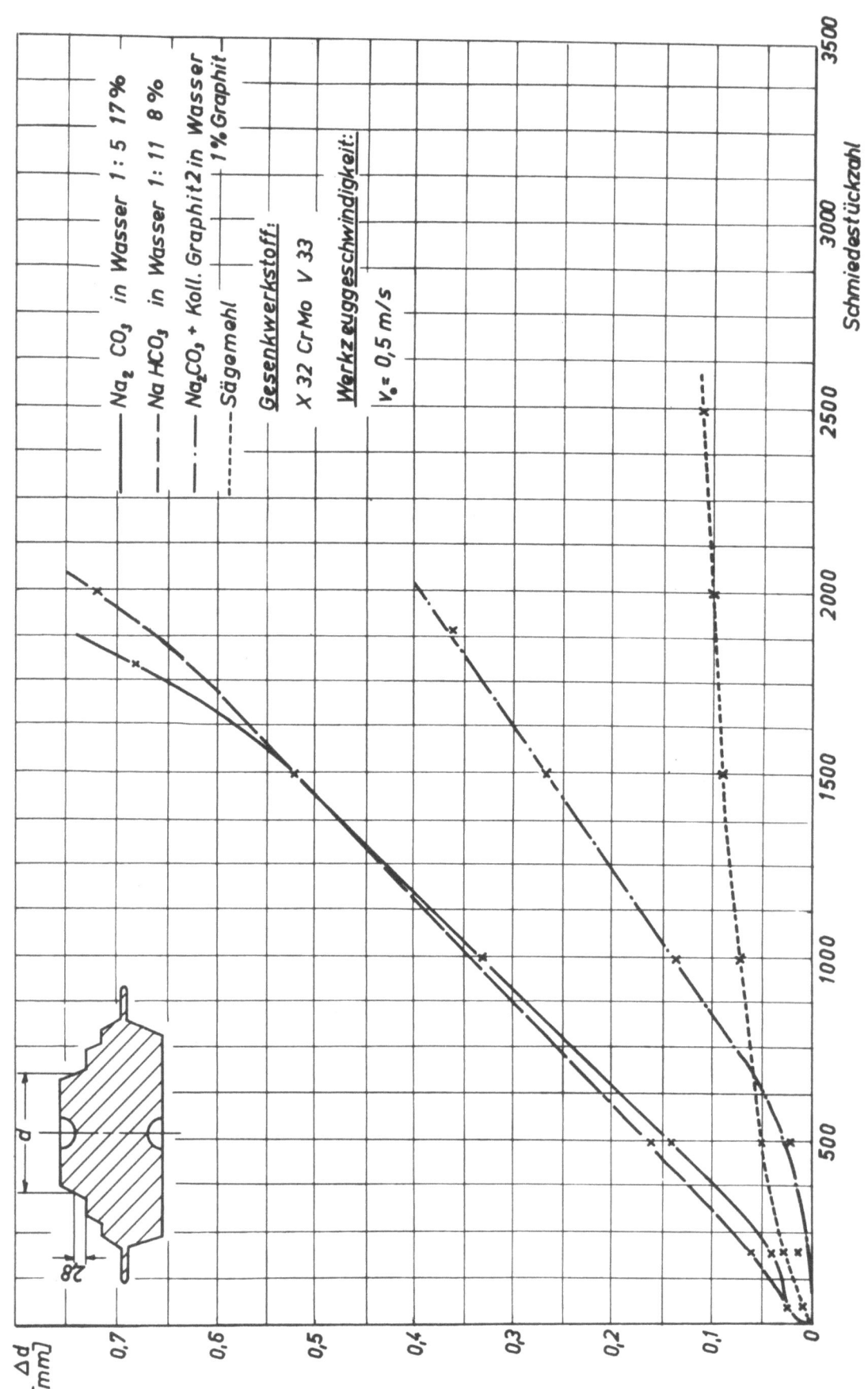

Abbildung 48
Gesenkmaßänderung Δd bei Schmierung mit Salzen

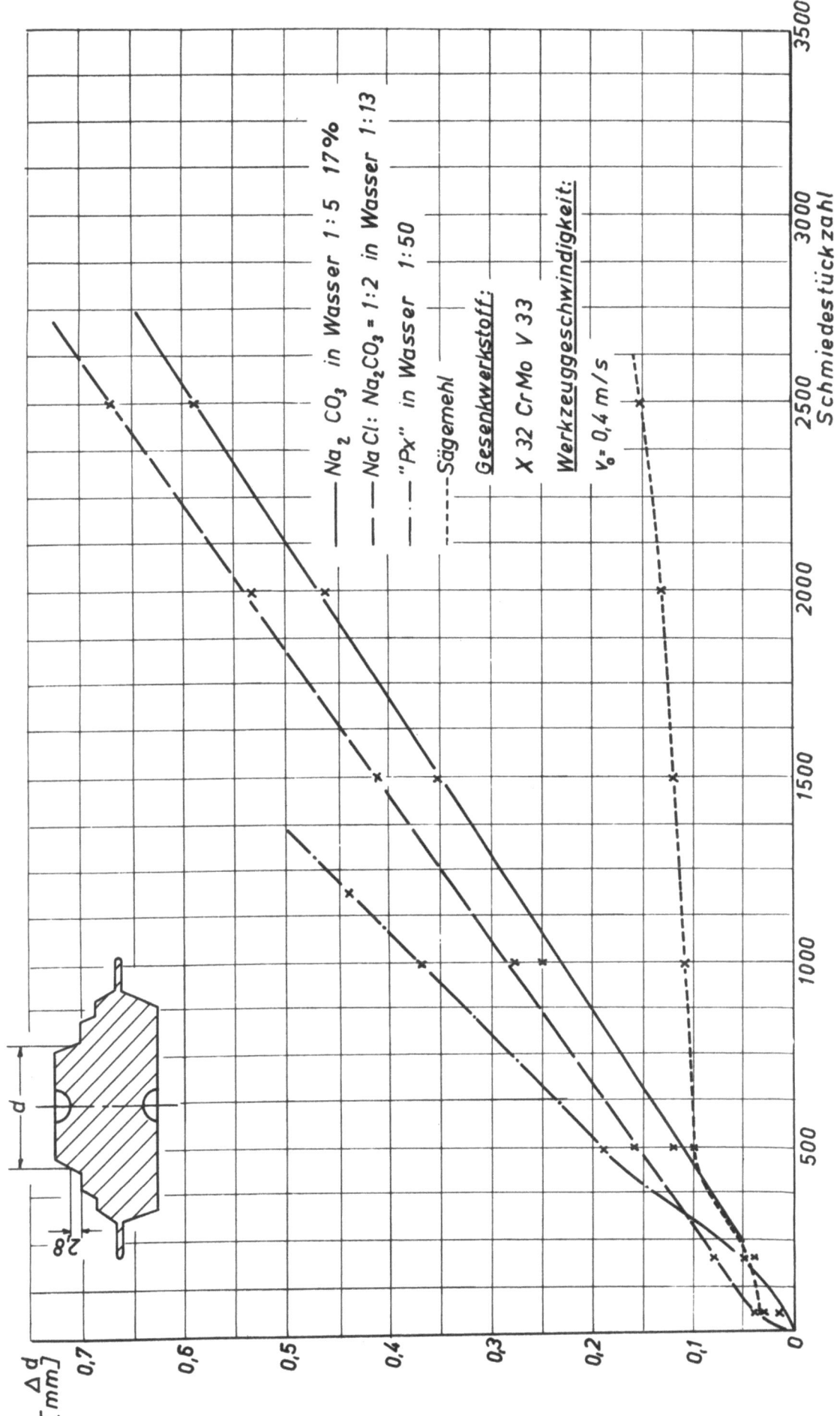

Abbildung 49

Gesenkmaßänderung Δd beim Schmieden mit Auswerfer und Schmierung mit Salzen

Seite 95

Die Gesenkmaßänderung Δd bei der Schmierung mit "Px" in Wasser ist nach Abbildung 49 sehr groß. Es handelt sich hierbei um ein in Wasser viskos lösliches Salzgemisch aus Natriumtetraborat und Kaliumphosphat [78], das neuerdings als "Phosphaterm RN" zu beziehen ist. Dieses Salz wurde bei der Herstellung von Rohrkrümmern erprobt und soll sich neuerdings auch beim Warmpilgerwalzen von austenitischen Stahlrohren bewährt haben. Die Versuche zeigen jedoch, daß ähnlich wie die Glasschmierung dieser Schmierstoff für das Gesenkschmieden nicht geeignet ist. Da der Erweichungsbeginn des Gemisches bei 300 und der Schmelzbeginn bei 600°C liegen, kann sich bei der Kürze des Umformvorganges im Schmiedegesenk kein zusammenhängender Schmierfilm in dem Wirkpaar ausbilden, der für eine Verminderung des Gesenkverschleißes erforderlich ist.

Die Versuchsergebnisse zeigen, daß die Gesenkmaßänderung von der Schmierung abhängig ist. Nach Abbildung 65 ist die Rangfolge der untersuchten Stoffe wiederum eine andere als bei den in dem vorangegangenen Abschnitt durchgeführten Untersuchungen. Der Gesenkverschleiß ist unterschiedlich, wenn ein und derselbe Schmierstoff in verschiedenen Trägerstoffen dispergiert wird. Gegenüber Wasser ist die Abschreckwirkung von Öl weniger intensiv, wodurch die Bildung von Vielerwärmungsrissen (Volumenänderungsrisse) und damit der Gesenkverschleiß vermindert wird. Beim Schmieden mit Sägemehl ist die Durchmesserzunahme am kleinsten. Von allen anderen Schmiermitteln kommt ihm kolloidaler Graphit 1 in Mineralöl am nächsten (Abb. 42 und 43). Dieses Ergebnis deckt sich mit anderen Untersuchungen [44], bei denen ebenfalls bei der Verwendung von Schmierstoffen eine Verschleißzunahme festgestellt wurde. Die größere Maßänderung der geschmierten Gesenke gegenüber den mit Sägemehl geschmiedeten Gesenken ist vermutlich auf chemische Vorgänge an der Gesenkoberfläche zurückzuführen. MAILÄNDER und DIES [46] machten durch ihre Versuche auf den Einfluß der umgebenden Atmosphäre auf den Verschleiß aufmerksam. In der Luft spielen sich chemische Reaktionen ab, bei denen Oxyde und zum Teil auch Nitride des Werkstoffes gebildet werden, die die Gesenkoberflächen schützen und den Abrieb verringern. Dabei scheint Wasserdampf den größten Einfluß auf die Abnutzung auszuüben (vgl. auch Abschnitt 2.1, Abb. 8). Während der Bewegungsvorgänge werden die Oxydschichten zerstört und die adsorbierten Gase zwischen die plastisch verformten Stellen gepreßt. Die Oxydbildung wird in die Tiefe getrieben und das Metallgitter aufgeweitet. Durch die Reiboxydation werden harte Oxydteilchen abgelöst, die wie der Zunder zwischen Gesenk und Schmiedestück schmirgelnd wirken.

6.22 Mikrogeometrischer Verschleiß der Gesenke

Nach DIN 50 321 ist der Ablauf des Verschleißvorganges auch nach dem Oberflächenbild zu beurteilen. Da die Oberflächen der Gesenke während des Schmiedens nicht abgetastet werden konnten, wurde ihr Zustand durch Abbildung auf den in die Gravuren geschlagenen Bleiproben festgehalten. Von diesen Negativabdrücken wurden Positivabdrücke mit einem schnellhärtenden Kunststoff [19] [64] genommen, deren Oberflächen mit dem Leitz-Forster-Gerät bestimmt wurden.

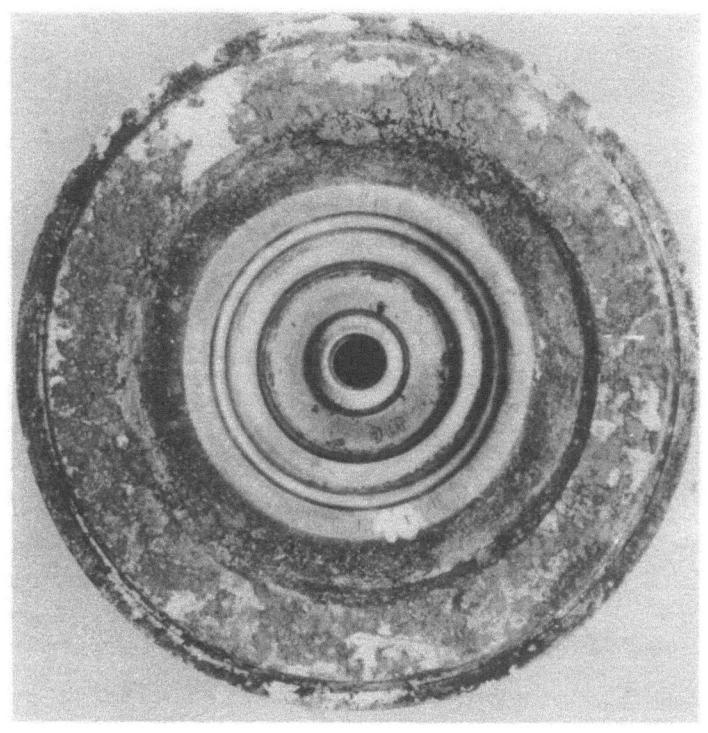

A b b i l d u n g 50
Rückstände des Salzgemisches "Px" auf dem
Untergesenk nach 1000 Schmiedestücken

Nach KIENZLE [37, 36] kann über eine Oberfläche nur dann eine Aussage gemacht werden, wenn sie in wenigstens zwei Richtungen abgetastet worden ist. Im vorliegenden Fall wurden die Rauheiten in drei Verschleiß-

---

[19] Technovit 4030 b (Hersteller: Firma Kulzer & Co GmbH., Bad Homburg v.d.H.)

zonen an den Schmiedegesenken senkrecht zum Werkstoffluß abgetastet, und zwar

in der Gleitreibungszone 1 (große Gleitreibung)
in der Gleitreibungzone 2 (geringe Gleitreibung) und
in der Schubdruckzone 3 (Haftreibung)

Abbildung 51 zeigt diese Zonen [41] an einem Stück. Tastungen in den in Gleitrichtung verlaufenden Riefen in der Gleitreibungszone ergaben nur unbedeutende Unterschiede, die für eine weitere Auswertung nicht in Betracht kamen.

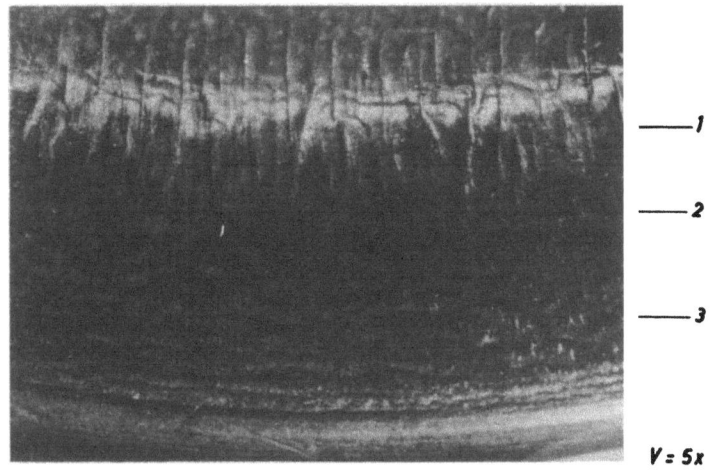

Abbildung 51
Abgetastete Verschleißzonen an den Schmiedegesenken
Gleitreibungszone 1
Gleitreibungszone 2
Schubdruckzone 3

Wegen der großen Rauhtiefen wurden die Kunststoffabdrücke bei nur 200facher Vergrößerung in der Senkrechten so abgetastet, daß sie zweimal in verschiedener Höhe abgefahren wurden. Die so entstandenen Profilausschnitte wurden entsprechend zusammengefügt und unter Angabe des jeweils ermittelten Rauhtiefenbereichs in den Abbildungen 52 bis 56 zusammengestellt.

Der mikrogeometrische Gesenkverschleiß beim Schmieden mit Sägemehl entspricht dem üblichen Verschleißverhalten, das im allgemeinen bei mechanisch-technischen Vorgängen festzustellen ist (Abb. 52). Sofort nach

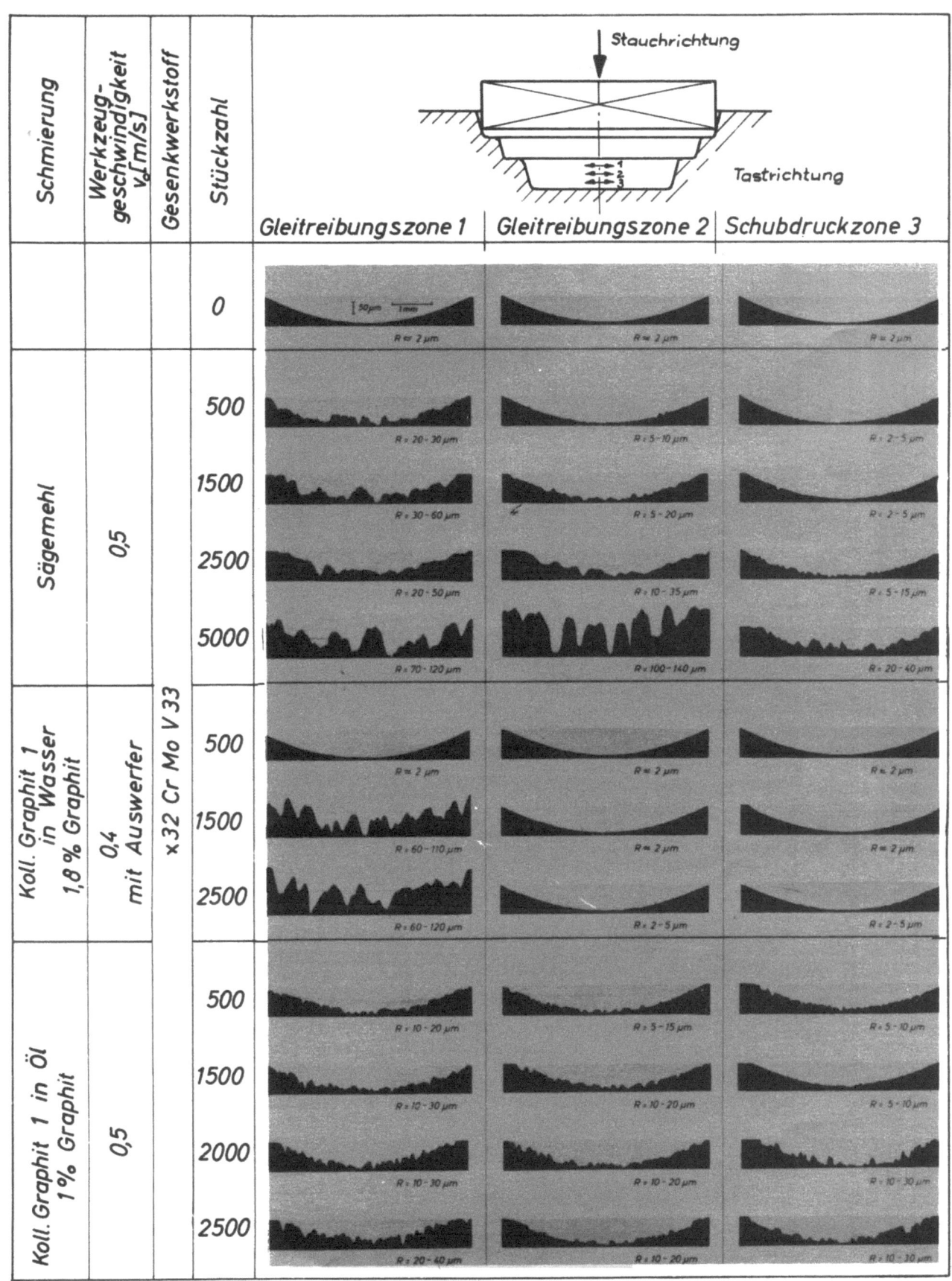

Abbildung 52
Rauheitsbildung in Gesenken beim Schmieren mit Graphit

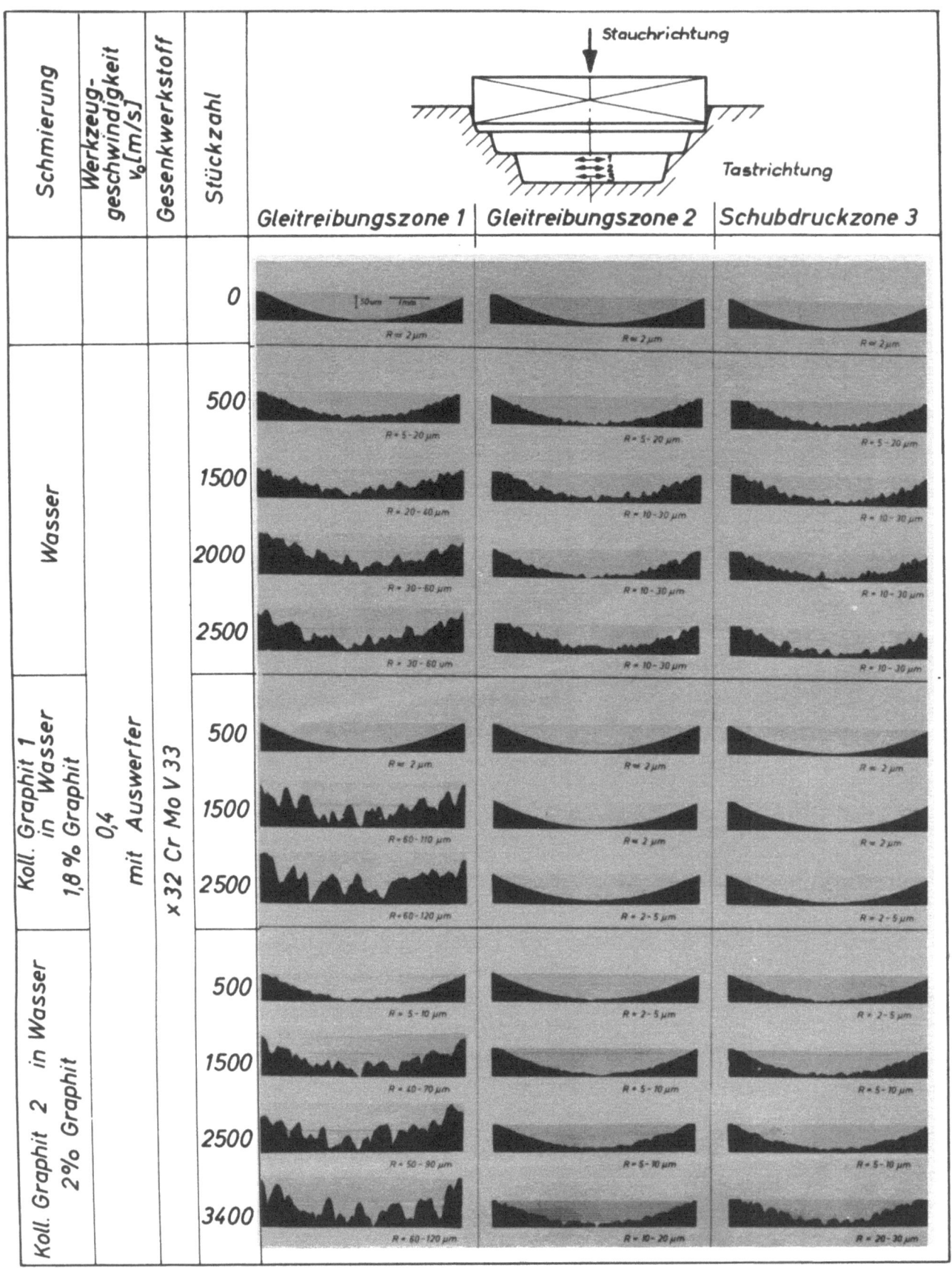

Abbildung 53
Rauheitsbildung in Gesenken beim Schmieren mit Graphit in Wasser

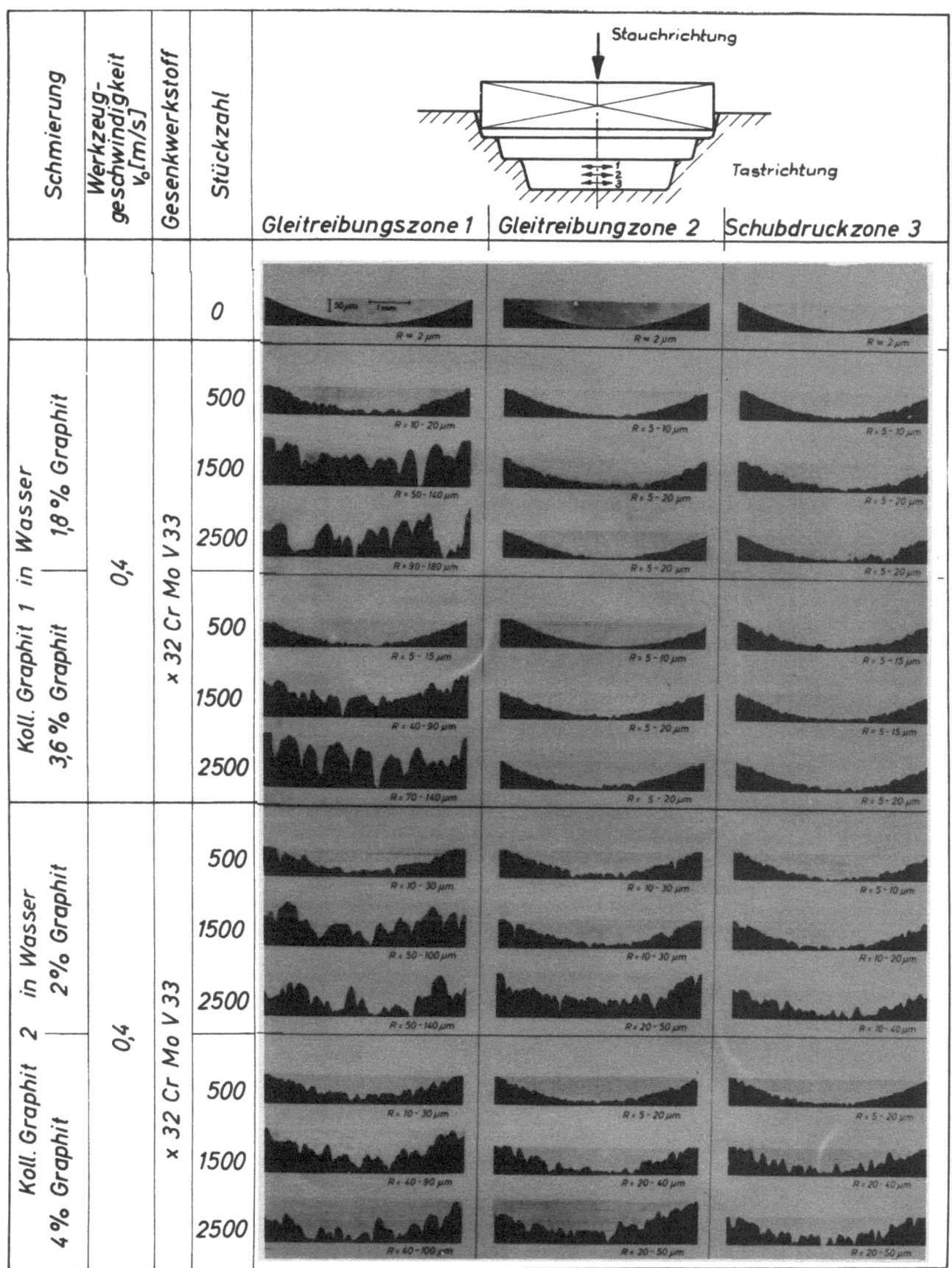

Abbildung 54
Rauheitsbildung in Gesenken beim Schmieren mit Graphit in Wasser

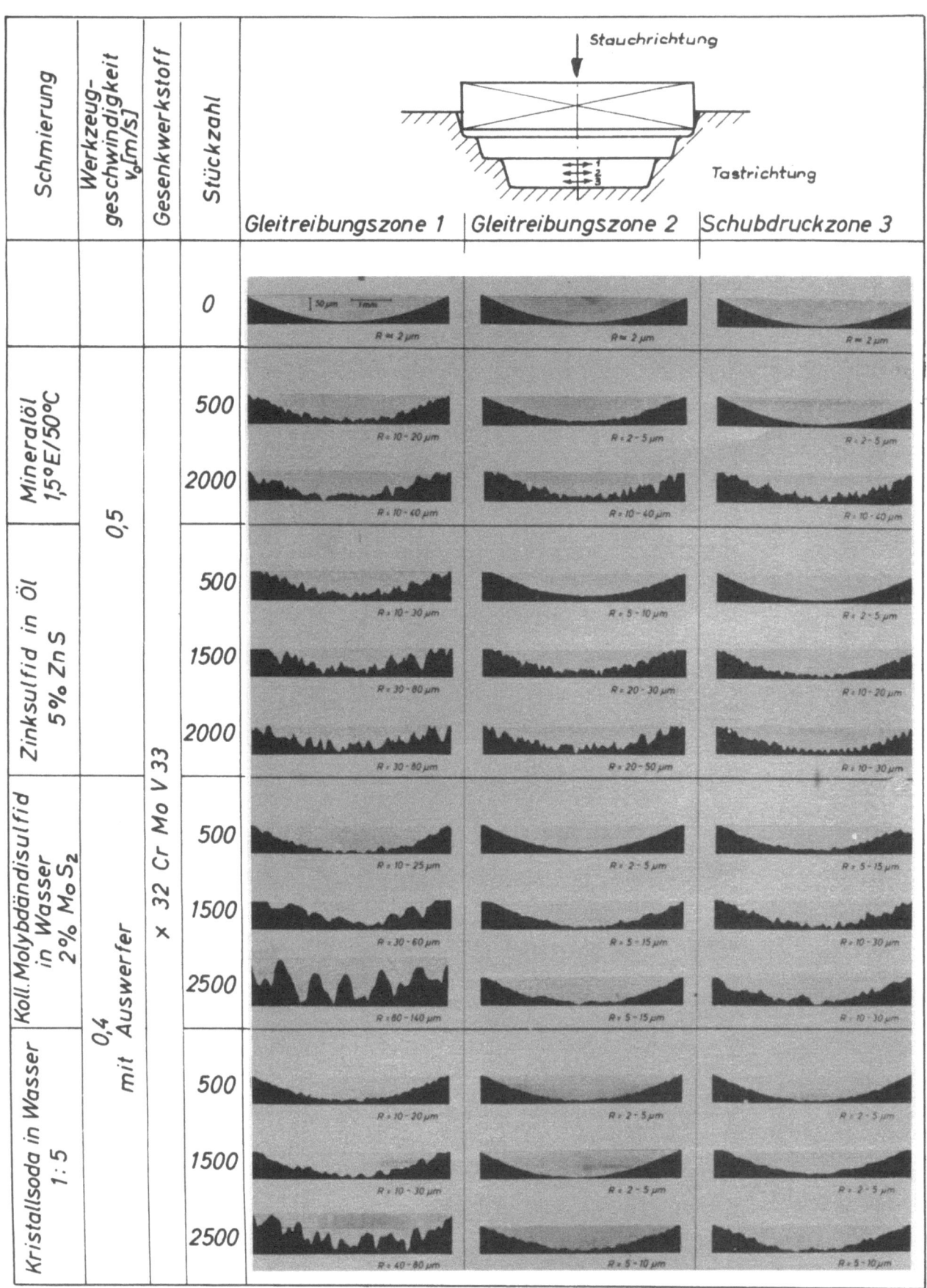

Abbildung 55
Rauheitsbildung in Gesenken bei verschiedener Schmierung

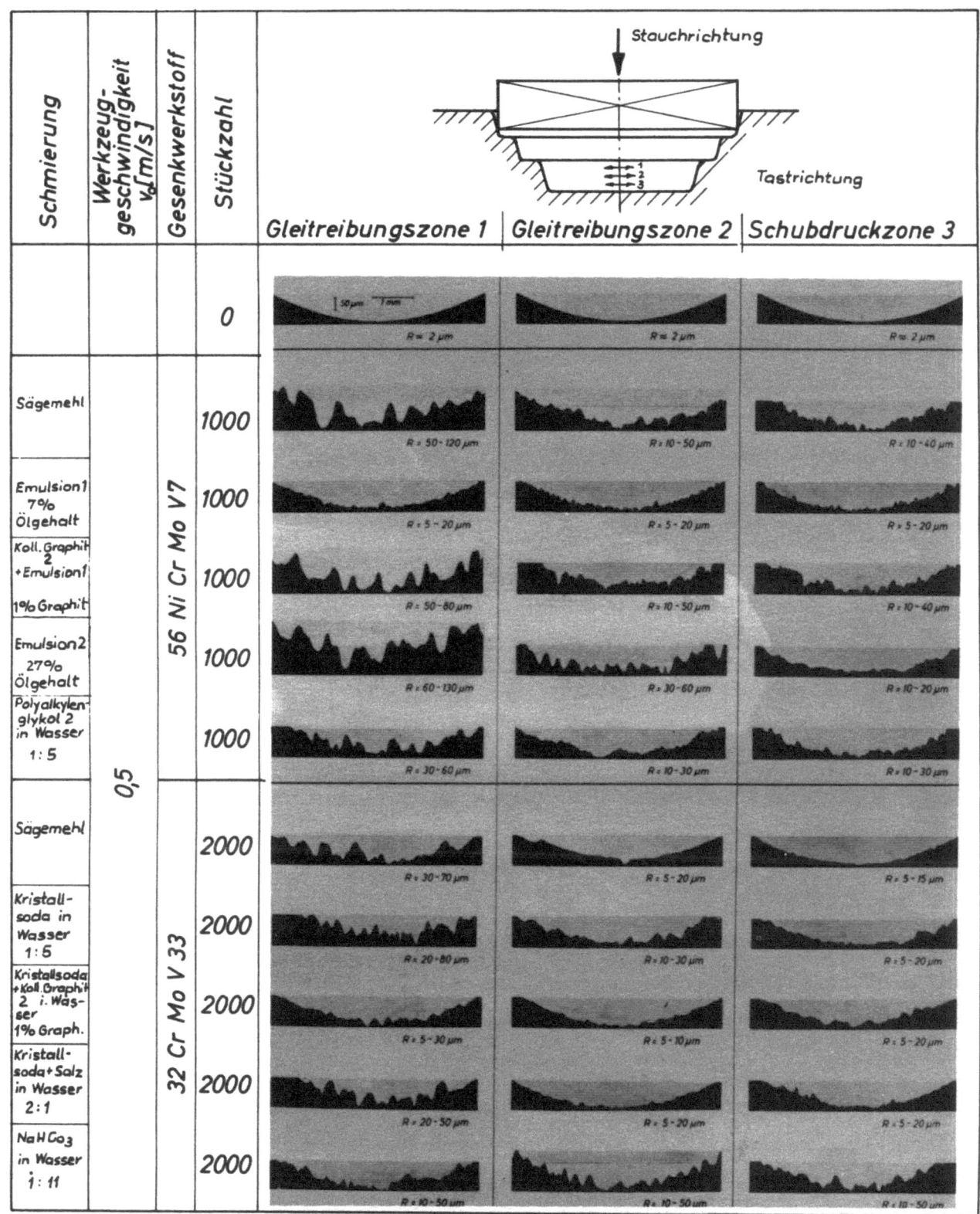

Abbildung 56
Rauheitsbildung in Gesenken bei verschiedener Schmierung

Beginn des Schmiedens nimmt in allen drei Zonen die Rauhtiefe R [20] zu, die mit zunehmender Stückzahl größer wird. Dabei treten wie bei allen untersuchten Schmierstoffen die größten Rauheiten in der Zone 1 mit der größten Gleitreibung auf. Wie aus Abbildung 57 zu ersehen ist, bilden sich nach 1200 Werkstücken glatte Flächen; sie sind nach Ansicht des Verfassers damit zu erklären, daß in der Gleitreibzone 1 Schichten abplatzen, die im Verlauf des Schmiedens auf der Oberfläche entstanden sind. Dieser Prozeß wird in Abbildung 60 durch den bei 2500 Stück wieder kleiner werdenden Rauhtiefenbereich gekennzeichnet.

Die Rauheitsbildung in den mit kolloidalem Graphit 1 in Mineralöl geschmierten Gesenken erfolgt abgesehen von der geringeren Rauhtiefe wie beim Schmieden mit Sägemehl (Abb. 52 und 60). Völlig anders verläuft der Mikroverschleiß bei der Besprühung mit in Wasser dispergiertem kolloidalem Graphit (Abb. 52). Während sich in den Zonen 2 und 3 die Gesenkoberfläche praktisch überhaupt nicht verändert, tritt in der Zone der größten Gleitreibung nach 1500 Schmiedestücken eine Rauheitszunahme ein, die auf einen völligen Zusammenbruch der oberen Werkstoffschichten schließen läßt. Dieses eigenartige Verhalten veranschaulicht recht eindrucksvoll die in Abbildung 58 dargestellte Rauhtiefenvergrößerung bei hoher Schmiedestückzahl. Obwohl die Gesenkmaßänderung Δd noch verhältnismäßig niedrig ist und sich die Oberfläche in den Zonen 2 und 3 gegenüber dem Anfangszustand nicht verändert hat, verhindern die tiefen Riefen in der Zone 1 das Schmieden, weil die Rauheiten des Wirkpaares ineinandergreifen und ein Lösen des Stückes aus der Gravur verhindern. Die gleichen Beobachtungen wurden von anderer Seite in der Praxis und während eigener Vorversuche beim Schmieden von Verschlußstopfen in der Forschungsstelle Gesenkschmieden gemacht. In der in Abbildung 57 abgebildeten Gravur sind die tiefen dicht beieinanderliegenden Riefen zu erkennen, die die Schmiedestücke festhaften lassen.

Die plötzlich sehr stark einsetzende Rauheitsbildung in der Gleittreibzone 1 der mit wäßrigen Graphitdispersionen geschmierten Gesenke ist nicht auf die Abschreckwirkung des Wassers zurückzuführen. Die Mikrogeometrie des mit Wasser besprühten Gesenkes entspricht wie die des mit Sägemehl geschmiedeten Gesenkes dem üblichen Verschleißverhalten

---

[20] Nach DIN 4762 (August 1960) wird jetzt die Rauhtiefe mit R_t bezeichnet.

Schmierung: Sägemehl

Stückzahl: 1200

Schmierung: Koll.Graphit 2 in Wasser, 2% Graphit

Stückzahl: 3000

Schmierung: Kristallsoda in Wasser 1 : 5

Stückzahl: 2000

A b b i l d u n g   57
Gesenke nach dem Schmieden
Werkstoff: X 32 Cr Mo V 33

(Abb. 53 und 58); d.h. es bilden sich sofort Rauheiten aus, die mit zunehmender Stückzahl größer werden. Vermutungen, daß der Graphit durch Diffusion in die Gesenkoberfläche eindringt und diese aufkohlt, wurden durch eingehende Untersuchungen nicht bestätigt. Es darf mit großer Sicherheit angenommen werden, daß bei den kurzzeitigen hohen Erwärmungen, denen die Gesenke beim Schmieden ausgesetzt sind, eine Aufkohlung der Gravuroberflächen nicht stattfindet. Ebensowenig beruht bei den beim Gesenkschmieden auftretenden Temperaturen die plötzlich einsetzende Riefenbildung auf einer Wasserstoffkorrosion des Gesenkwerkstoffes. Es liegt daher die Vermutung nahe, daß das schlechte mikrogeometrische Verschleißverhalten der Gesenke in den Zonen großer Gleitreibungen bei wäßrigen Graphitdispersionen durch chemische Vorgänge bedingt ist, denen weiter nachzugehen indes den Rahmen der vorliegenden Arbeit überschreiten würde.

Von geringfügigen Unterschieden abgesehen zeigen die mit den beiden Graphiten 1 und 2 geschmierten Gesenke im wesentlichen die gleiche Rauheitsbildung (Abb. 53, 54, 58, 59). Unabhängig von Graphitsorte und Graphitkonzentration setzt nach 1500 geschmiedeten Stücken eine starke Riefenbildung in der Gleitreibungszone 1 ein, während gleichzeitig - besonders beim kolloidalen Graphit 1 - die Rauheit gegenüber dem Ausgangszustand in den beiden anderen Zonen nur wenig zunimmt.

Die Rauheitszunahme in dem mit kolloidalem Molybdän-Disulfid in Wasser geschmierten Gesenk zeigt einen ähnlichen Charakter wie bei der Besprühung mit den wäßrigen Graphitdispersionen (Abb. 55 und 62). Während bei der Schmierung mit kolloidalem Graphit 1 in Mineralöl die Rauheitsbildung im Gesenk geringer als bei der Anwendung von Öl allein ist, tritt beim Besprühen mit einer 5%igen Zinksulfidlösung eigentümlicherweise das Umgekehrte ein (Abb. 55 und 60). Im Gegensatz zur großen Gesenkmaßänderung steht die geringe Oberflächenrauheit, die in den mit Natriumkarbonat und Natriumbikarbonat geschmierten Gesenken ermittelt wurde (Abb. 55 und 56). Wie aus der in Abbildung 57 abgebildeten Gravur jedoch zu erkennen ist, weist die Gratbahn sehr starke Riefen auf.

Abbildung 56 zeigt die Rauheitsbildung bei verschiedenen Schmierstoffen nach 1000 und 2000 Schmiedestücken. Dabei ist besonders aufschlußreich der Vergleich zwischen den beiden Emulsionen 1 und 2. Die in der Gleitreibungszone 1 des mit der Emulsion 2 geschmierten Gesenkes gemessene Rauhtiefe ist trotz des vierfachen Ölgehaltes über sechsmal größer als

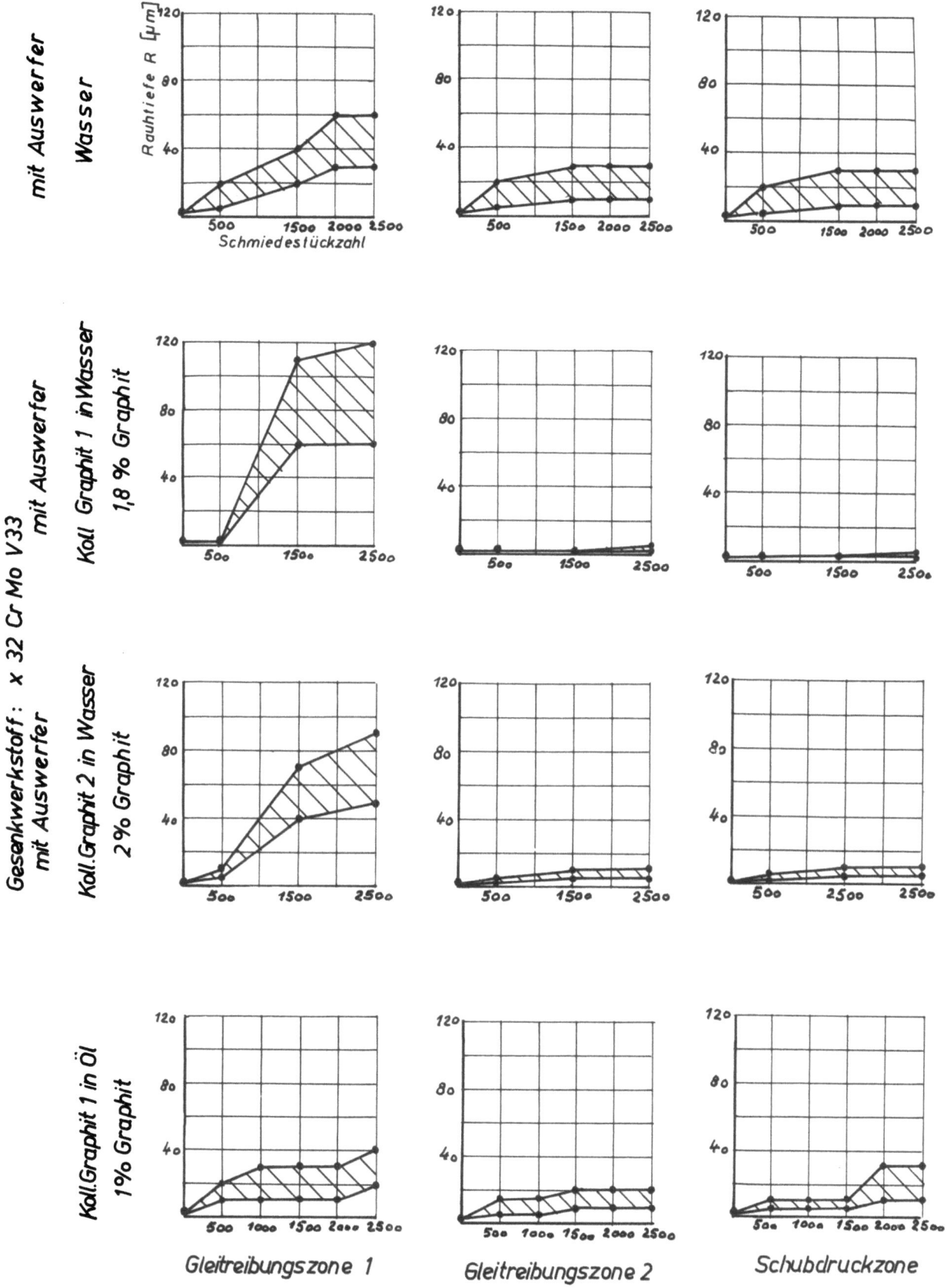

Abbildung 58
Rauheitsbildung in Gesenken bei Schmierung mit Graphit

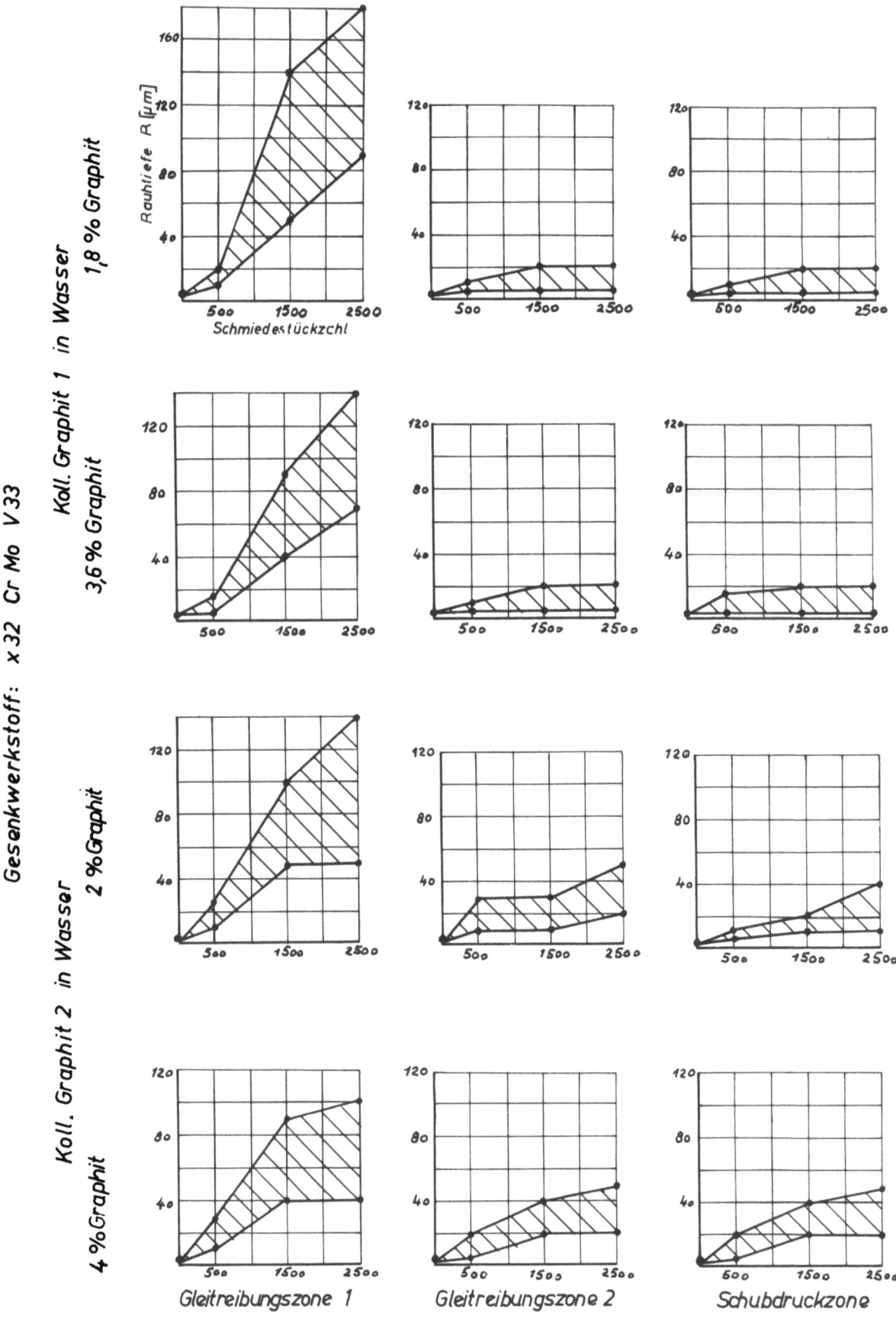

Abbildung 59

Rauheitsbildung in Gesenken bei Schmierung mit Graphit in Wasser

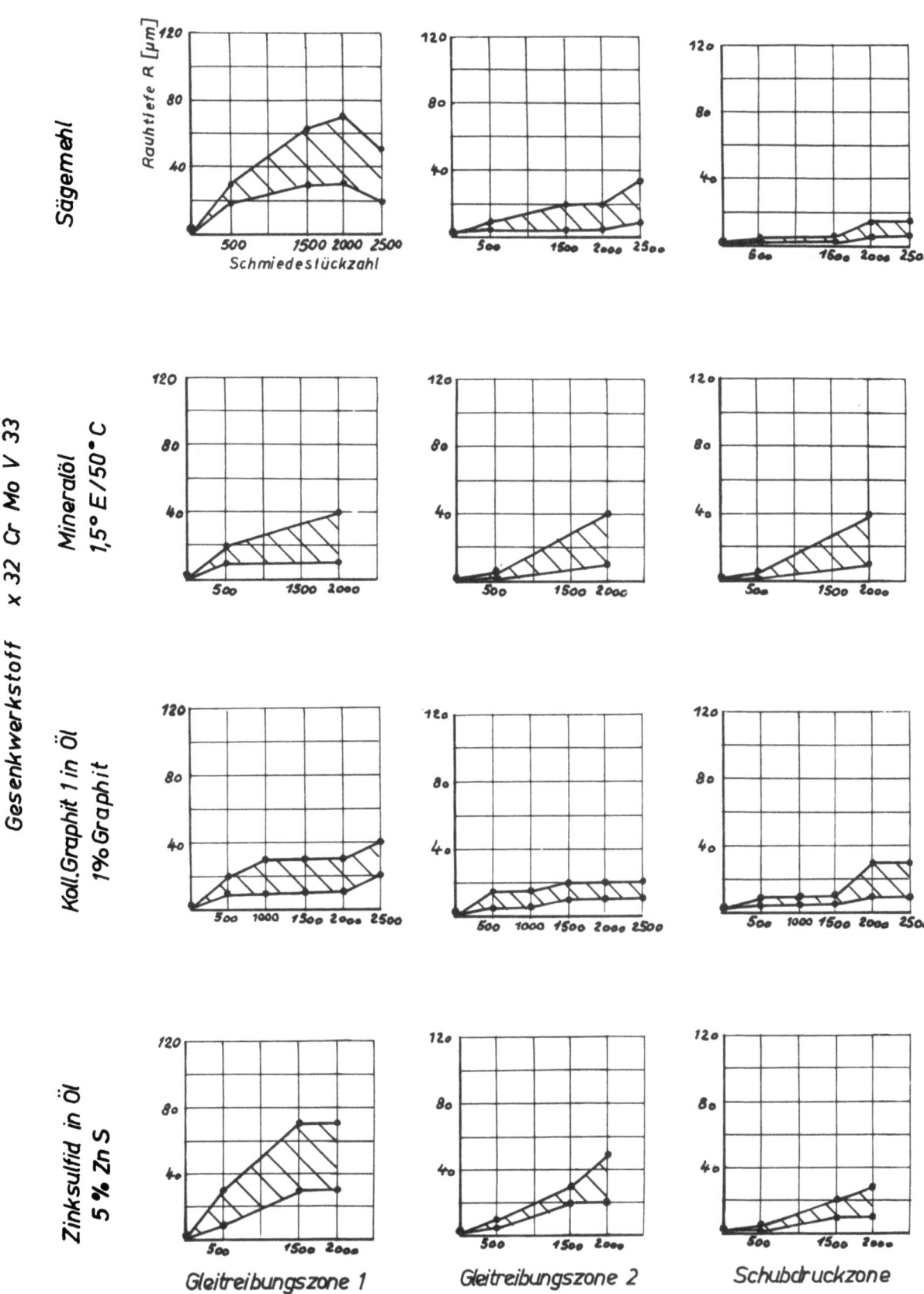

Abbildung 60
Rauheitsbildung in Gesenken bei verschiedener Schmierung

die des mit der Emulsion 1 besprühten Gesenkes. Durch die Zugabe von
1% kolloidalem Graphit 2 zur Emulsion 1 nimmt die Rauhtiefe in der
Gleitreibungszone 1 schon nach 1000 Schmiedestücken auf das Vierfache
zu.

Die Versuchsergebnisse lassen erkennen, daß die mikrogeometrische Oberflächengestalt der Gesenke in starkem Maße durch die Schmierung beeinflußt wird. Bei allen untersuchten Schmierstoffen nehmen die Oberflächenänderungen mit der Gleitgeschwindigkeit zu. Entsprechend dem üblichen Verschleißverhalten bei mechanisch-technischen Vorgängen setzt sofort nach dem Beginn des Schmiedens eine Rauheitsbildung in allen drei betrachteten Zonen ein. Eine Ausnahme bilden lediglich die Gesenke, die mit in Wasser dispergierten festen Schmiermitteln besprüht wurden. Besonders bei der Schmierung mit kolloidalem Graphit in Wasser wird infolge der hervorragenden Trennwirkung der Graphitschicht der Ausgangszustand der Gesenkoberfläche während der ersten 500 Schmiedestücke nicht verändert. Für die Praxis ergibt sich damit die Möglichkeit, den Gesenkverschleiß herabzusetzen, indem die Gesenke mit Graphit vorbehandelt und eingeschlagen werden.

6.23 Schmierwirkung bei verschiedenen Gesenkwerkstoffen

Da für die Versuche zwei Gesenkwerkstoffe zur Verfügung standen, liegen erwartungsgemäß [28] die Verschleißkurven zum Teil sehr verschieden. (z.B. Abb. 42 und 43) Daher lag es nahe, die Schmierwirkung auf die Abnutzung dieser Werkstoffe zu vergleichen.

Die Durchmesserzunahme des mit kolloidalem Graphit 1 in Mineralöl geschmierten Gesenkes aus 56 NiCrMoV 7 verläuft im Vergleich zu der mit Sägemehl geschmiedeten Gravur günstiger als die beim Molybdän-Stahl nach Werkstoff-Nr. 2365 (Abb. 42 und 43). Bei diesen Versuchen lagen die Gesenktemperaturen sehr hoch, um eine gute Verdampfung des Trägerstoffes zu erreichen. Dies ist bei der Schmierung mit Öl erforderlich, wenn das Schmiedestück voll ausgeschlagen werden soll. Es besteht daher die Möglichkeit, daß der wärmeempfindlichere Gesenkstahl 56 NiCrMoV 7 durch die hohen Oberflächentemperaturen beim Schmieden angelassen wurde und der hierdurch bedingte Verschleiß die Versuchsergebnisse beeinflußt hat. Somit liegen die in Abbildung 43 dargestellten Kurven der mit Graphit in Öl geschmierten Gesenke mit großer Wahrscheinlichkeit an der oberen Grenze.

Die Abbildungen 61 und 62 zeigen die Rauheitsbildung in Gesenken aus den
beiden oben angeführten Werkstoffen bei verschiedener Schmierung. Aus
ihnen geht hervor, daß die Rauhtiefe in der Gleitreibungszone 1 des
Werkstoffes X 32 CrMoV 33 beim Schmieden mit Sägemehl und beim Schmieren
mit kolloidalem Molybdän-Disulfid in Wasser und kolloidalem Graphit 1
in Öl ungefähr dreimal kleiner als die des schwächer legierten Ge-
senkstahles ist. Eigenartigerweise bildet die Schmierung mit der wäßrigen
Graphitdispersion wiederum eine Ausnahme. Nach 1500 Schmiedestücken ist bei
beiden Gesenkwerkstoffen fast die gleiche Rauheitsbildung festzustellen.

Abgesehen von der Schmierung mit kolloidalem Graphit in Wasser ist bei
allen anderen untersuchten Schmierstoffen die Rauheit in den Zonen größ-
ter Gleitreibung in den Gesenken aus dem Werkstoff X 32 CrMoV 33 kleiner
als die in den Gesenken aus dem Werkstoff 56 NiCrMoV 7. Der Molybdän-
Stahl X 32 CrMoV 33 zeichnet sich somit wegen seiner hohen Wärmebestän-
digkeit durch ein günstiges Verschleißverhalten aus. Nachteilig dagegen
wirkt sich seine große Kerbempfindlichkeit aus. Fast alle bei den Versuchen verwendeten Gesenkeinsätze zeigten infolge ungenügender Zähig-
keit bald nach dem Beginn des Schmiedens Risse in den Abrundungen des
Gravurgrundes, die oft zu Gesenkbrüchen führten. Wegen der tiefliegen-
den Risse konnten die Einsätze nicht mehr nachgesetzt werden. Diese Miß-
erfolge können durch entsprechende Teilung der Gesenkeinsätze beseitigt
werden, doch muß die Praxis zeigen, ob dieser Aufwand noch in einem günstigen Verhältnis zu der von dem Gesenkwerkstoff X 32 CrMoV 33 ertrage-
nen Standmenge steht.

7. Einfluß der Schmierung auf die Formgenauigkeit des Schmiedestücks

Ebenso wie die Gesenkmaßänderung ist bei der Fertigung von Schmiedestücken deren Formgenauigkeit von Bedeutung. Es ist aber wenig bekannt,
wie sehr sie von der Art der Werkzeugschmierung abhängt (vgl. Aufgaben-
schema der Schmierstoffe im Abschnitt 2.3). RAUHAUS und GRÜNER [60] haben bei ihren Untersuchungen über die Entstehung von Gesenkschmiedefehlern als letzte von fünf Gruppen die Fehlermöglichkeiten durch zu starken Gasdruck in der Gesenkform genannt. Nach ihren Versuchen entstehen
mit trockenem Sägemehl einwandfreie Schmiedestücke, während schon bei
einem Zusatz von 10% Wasser Fehlstellen im Stück auftreten.

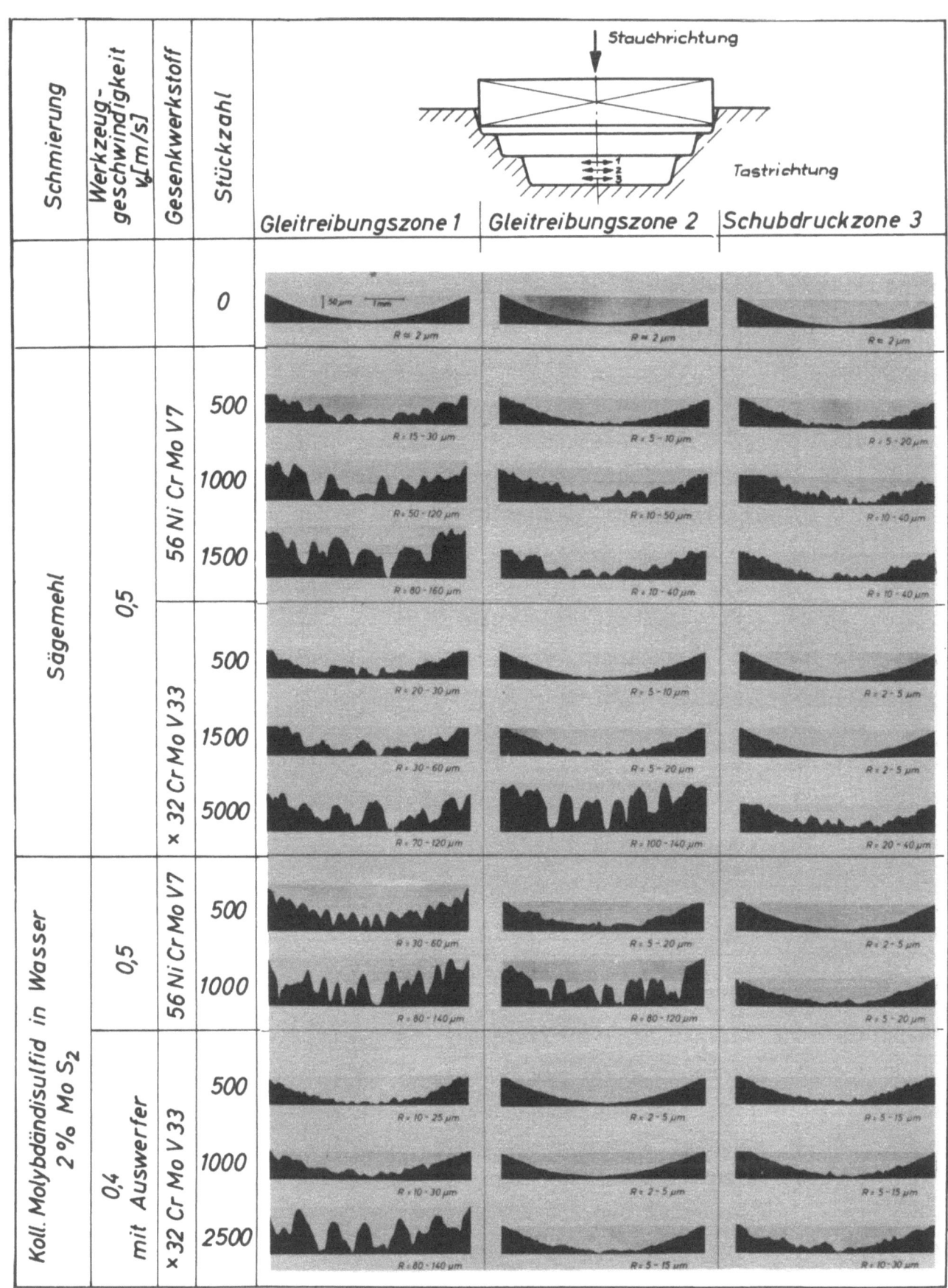

Abbildung 61
Rauheitsbildung in Gesenken aus verschiedenen Werkstoffen

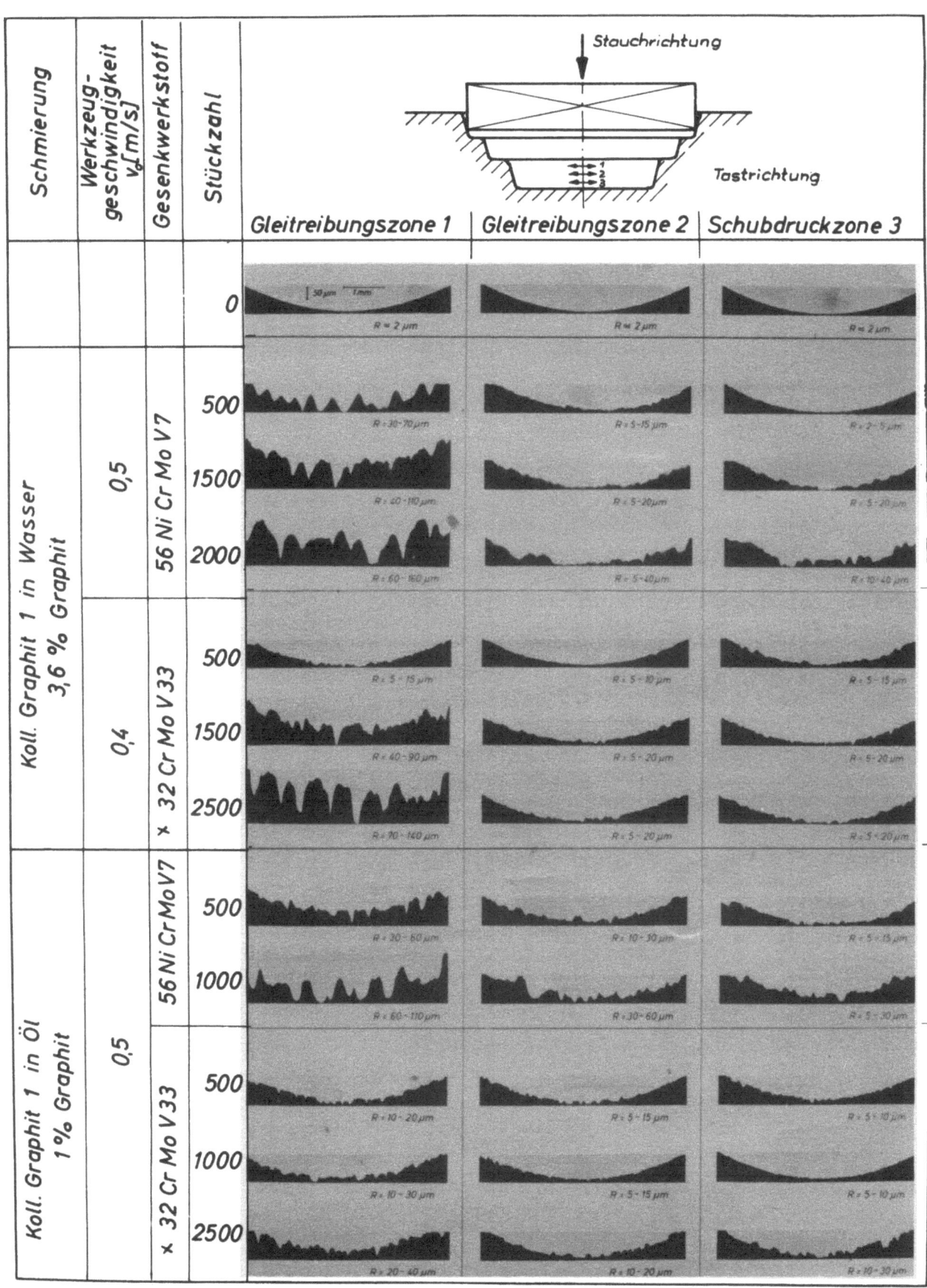

Abbildung 62
Rauheitsbildung in Gesenken aus verschiedenen Werkstoffen

Beim Schmieden in geschmierten Gesenken ist die Formgenauigkeit des Schmiedestücks nach folgenden Gesichtspunkten zu bewerten:

1. Die Gravur wird wegen örtlicher Gaspolster, die bei der Verbrennung des Schmierstoffs entstehen, nicht voll durch den Werkstoff ausgefüllt.

2. Die Gravur wird wegen der Ansammlung von Fremdkörpern, die von einer zu groß bemessenen Schmiermittelmenge oder von hoch viskosen Schmiermittelrückständen herrühren, nicht voll durch den Werkstoff ausgefüllt.

3. Die Werkstückoberfläche wird durch Rückstände von Schmierschichten verunreinigt.

Nach der im Abschnitt 9 vorgenommenen Bewertung schneiden die in Wasser dispergierten Festschmiermittel am günstigsten ab; dies erklärt sich daraus, daß die Gravur durch die Verdunstung des Wassers mit einem dünnen gleichmäßig verteilten Schmierfilm überzogen wird. Sowohl bei der Schmierung mit Graphit als auch mit Molybdän-Disulfid bilden sich weder Gaspolster noch Rückstände, die ein Ausfüllen der Gravur durch den Werkstoff verhindern.

Wie bei Sägemehl so ist auch bei der Schmierung mit flüssigen Schmierstoffen - hierzu zählen in diesem Fall auch die Öldispersionen der Gruppe 2 - die in das Gesenk eingebrachte Schmierstoffmenge für die Formgenauigkeit des Schmiedestücks entscheidend. In Abbildung 64 werden im Vergleich zu dem in Abbildung 63 abgebildeten einwandfrei geschmiedeten Getrieberad zwei Schmiedestücke gezeigt, die infolge zu großer Gaspolster Formfehler aufweisen und daher unbrauchbar geworden sind. Bei dem rechts in Abbildung 64 wiedergegebenen Teil litt die obere Kante der Bohrung durch ein Gaspolster, das sich aus dem überschüssigen im Gravurgrund angesammelten Öl gebildet hat. Die Fehlstellen des links abgebildeten Stückes beruhen auf der Bildung von Gassäcken, die durch eine viel zu groß bemessene Sägemehlmenge entstanden sind. Wird in das Gesenk eine noch größere Schmiermittelmenge eingebracht, so können keine ausgeschlagenen Schmiedestücke gefertigt werden, weil die Schmierstoffe nicht mehr vergasen und somit den Werkstoff verdrängen.

Abbildung 63
Getrieberadkörper ohne Fehler

Abbildung 64
Formfehler an Schmiedestücken infolge zu großer Treibwirkung von
Sägemehl   Mineralöl

Bei der Schmierung mit wäßrigen Salzlösungen setzen sich häufig mehr oder weniger stark viskose Rückstände in den Ecken und Radien der Gravur ab. Neben der völligen Verschmutzung des Gesenkes sind in Abbildung 50 deutlich derartige Reste in den Radien der Gravur zu erkennen. Ein ähnliches Aussehen hatten die mit Polyäthylenglykol geschmierten Gesenke. Bei der Glasschmierung erstarrt das bisher verwendete Glas wegen der zu niedrigen Gesenktemperaturen in den Ecken der Gravur und verhindert das Ausschmieden des Stückes. Werden die geschmiedeten Stücke erst nach längerer Zeit einer Wärmebehandlung oder einem Reinigungsprozeß unterzogen, so besteht bei der Gesenkschmierung mit Natriumkarbonat und Bikarbonat die Gefahr von Korrosion. Beim Schmieren mit Glas oder anderen zähflüssigen Schmierstoffen verbleiben Reste auf den hergestellten Werkstücken, die nur durch Sandstrahlen oder Trommeln zu entfernen sind.

8. Menschliche Belange

Nach KIENZLE [35] befriedigt kein Arbeitsverfahren, wenn es nicht auch dem Menschen angepaßt ist. Daher ist es wichtig, die Schmierstoffe auch nach Gesichtpunkten zu beurteilen, die den Gefahren- und Gesundheitsschutz des Menschen betreffen.

Bei der Gesenkschmierung ohne Hilfseinrichtungen wird mit den Händen im Arbeitsraum der Schmiedemaschine gearbeitet, was immer mit Gefahren verbunden ist. Besonders gefährlich ist es, nach dem Auslösen der Maschine noch kurz vor dem Zusammenschlagen der beiden Gesenkhälften auf den im Untergesenk liegenden Schmiederohling Sägemehl zu streuen. Diese Gefahrenquellen werden beseitigt, wenn die Schmierstoffe mit Hilfe geeigneter Schmieranlagen in die Gesenke eingebracht werden. Daher wurden mit Ausnahme von Sägemehl als dem am meisten in der Praxis verwendeten Zwischenstoff nur solche Schmierstoffe untersucht, die sich mit der in Anhang 3 beschriebenen Schmieranlage auf die Gesenke aufsprühen ließen.

Die Schmierstoffe für das Gesenkschmieden sind unter der Berücksichtigung des Gesundheitsschutzes nach folgenden Gesichtspunkten zu bewerten:

1. Unschädlichkeit für das Bedienungspersonal
2. Sauberkeit des Fertigungsablaufes
3. Rauch- und Gasentwicklung beim Verbrennen der Schmierstoffe.

Ein Schmierstoff ist für die Gesenkschmierung nur geeignet, wenn seine Handhabung für das Bedienungspersonal keine gesundheitlichen Schäden zur Folge hat. So dürfen keine Hautkrankheiten entstehen, wenn der Schmied mit dem Schmierstoff in Berührung kommt, und die bei der Verbrennung entstehenden Gase keine Bestandteile enthalten, die toxisch sind. Entsprechend der Bedeutung dieses Punktes wurden nach den dem Verfasser zur Verfügung stehenden Unterlagen nur Schmierstoffe in die Untersuchungen einbezogen, deren Verwendung für die Bedienungsleute unschädlich ist, so daß es sich erübrigt, auf diese Fragen im Folgenden näher einzugehen.

Testuntersuchungen mit dem in Sicherheitssprengstoffen benutzten Amoniumnitrat (NH_4NO_3) ergaben hervorragende mit einem günstigen Verschleißverhalten verbundene Treibwirkungen, jedoch mußten diese Versuche wegen der bei der Verbrennung entstehenden nitrosen Gase vorzeitig wieder abgebrochen werden. Das in den Abschnitten 3 und 4 untersuchte Perchloräthylen hat den Nachteil, daß bei der Verdampfung Chlor frei wird.

In Tabelle 2 des Abschnittes 9 werden die Schmierstoffe nur nach den beiden letzten Gesichtspunkten eines sauberen Fertigungsablaufes und einer rauchlosen Verdampfung des Schmiermittels beurteilt. Dabei schneidet das Sägemehl nicht günstig ab. Der damit verbundene Staub und der bei der Verbrennung entstehende Qualm und Ruß verwandelt die Schmiede nach kurzer Zeit in einen düsteren Raum, der abgesehen von der Verschlechterung der Atmungsluft nicht gerade die besten psychologischen Voraussetzungen für eine freudige, volle Arbeitsleistung schafft. In Bezug auf die Rauchentwicklung gilt dies noch mehr für alle ölhaltigen Schmierstoffe, die in der Gesenkschmiede nur in Verbindung mit Absaugvorrichtungen angewendet werden sollten. Derartige Maßnahmen sind beim Versprühen von Salzlösungen nicht erforderlich, jedoch wirken sich die Verschmutzungen an den Aggregaten nachteilig aus. Bei der Verwendung von Kochsalz tritt außerdem Korrosion auf. Schmierstoffe, die Trennschichten oder Gaspolster bilden, verhindern ein Festkleben des Schmiedestücks in der Gravur. Hierdurch werden die den Arbeitsablauf störenden Pausen vermieden, in denen die Kleber unter oft großen körperlichen Anstrengungen aus dem Gesenk entfernt werden müssen (vgl. Schema Abschnitt 2.3).

Vom Standpunkt des Arbeitsschutzes aus sind die in Wasser dispergierten Festschmierstoffe am besten für die Gesenkschmierung geeignet. Beim Aufsprühen der wäßrigen Lösungen auf die warmen Gesenke verdampft lediglich etwas Wasser, das für das Bedienungspersonal völlig unschädlich ist. Der Fertigungsablauf wird durch keine Dämpfe behindert und die Gesenke durch keine Rückstände verschmutzt. Die Trennwirkung der Festschmierstoffe ermöglicht ein kontinuierliches Arbeiten ohne zusätzlichen körperlichen Einsatz, da die Schmiedestücke in der Gravur nicht festkleben.

9. Zusammenfassung der Ergebnisse

Die Beurteilung des Schmiererfolges durch ein Prüfverfahren ist umso sinnvoller, je genauer die Prüfbedingungen dem praktischen Anwendungsfall angepaßt sind. Die Flächenpressungen und Temperaturen, die mit den im Schrifttum bekannt gewordenen mechanischen Schmierstoffprüfgeräten erreicht werden, liegen erheblich unterhalb denen, die beim Gesenkschmieden auftreten. Da jene Prüfgeräte für eine Bewertung der dem Gesenkschmieden von Stahl dienenden Schmierstoffe nicht geeignet sind, lag es nahe, die Schmierwirkungen unmittelbar beim Schmieden im Gesenk zu prüfen. Als Versuchsform wurde ein Gesenk mit Gratspalt gewählt.

Beim Gesenkschmieden haben die Schmierstoffe verschiedene Aufgaben zu erfüllen. Die wichtigsten sind:

> Verringerung des Reibwiderstandes im Wirkpaar beim Umformen
> Lösen des Schmiedestücks aus der Gravur
> Vermindern des Gesenkverschleißes.

Daneben sind die Formgenauigkeit der Werkstücke und die Belange des arbeitenden Menschen von Bedeutung.

Das Verhalten der Schmiermittel hinsichtlich dieser Anforderungen wurde untersucht, indem

> der Kraft- und Arbeitsbedarf
> die zwischen dem Wirkpaar auftretende Haftkraft
> der Gasdruck in der Gravur und
> der Gesenkverschleiß

ermittelt wurden. Im Folgenden sollen nun die gefundenen Merkmale einer Wertung unterzogen werden.

In Abbildung 65 sind die Rangfolgen von fünf repräsentativen Schmierstoffen gegenübergestellt, die sich bei den aufgeführten vier Untersuchungsmethoden als sehr verschieden ergaben. Aus der Tabelle geht hervor, daß der kolloidale Graphit 1 in Wasser zweimal an erster Stelle (geringste Umformendkraft zufolge geringer Gleitreibung und kleinste Haftkraft zufolge kleinster Haftreibung), einmal an dritter Stelle (Größe des maßlichen Gesenkverschleißes) und einmal an fünfter Stelle (geringster Gasdruck) steht und damit in der Gesamtrangfolge

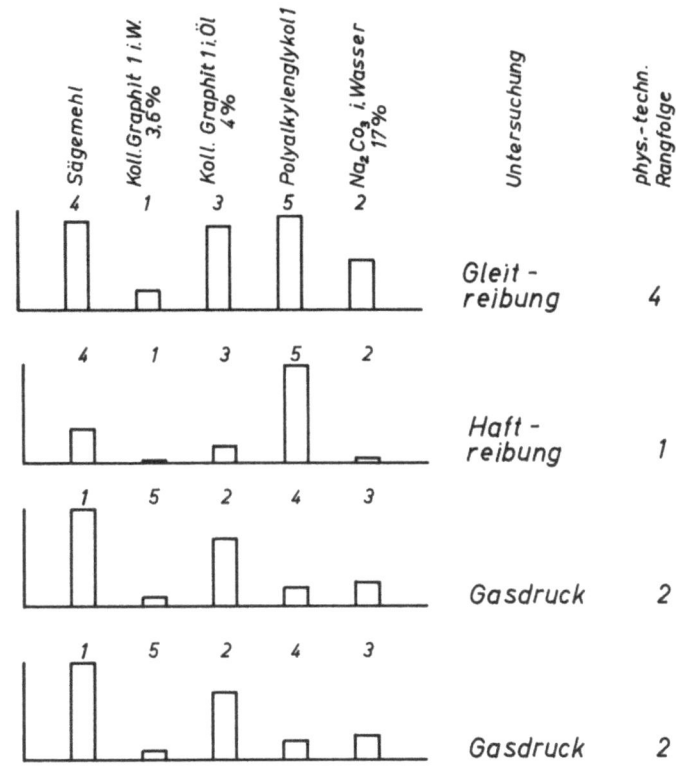

Abbildung 65

Rangfolge der Schmierstoffe bei verschiedenen Untersuchungen

vor dem Sägemehl den ersten Platz einnimmt. Am schlechtesten schneiden die mit Polyalkylenglykol durchgeführten Untersuchungen ab. Die Rangfolge allein genügt aber nicht zu einem Urteil; man muß die Beurteilungspunkte auch werten.

Durch die Einführung von Wertungsziffern für die einzelnen Merkmale ist es möglich, eine gesamte Wertung der Schmierstoffe vorzunehmen. Diese wird natürlich subjektiv sein, da man die Punkte je nach den Erfordernissen des vorliegenden Anwendungsfalles verschieden werten wird. An Hand der Tabelle 2 soll jedoch gezeigt werden, wie eine Beurteilung der für die Gesenkschmierung in Frage kommenden Schmierstoffe durchzuführen wäre.

Danach erfolgt die Bewertung nach vier Hauptgruppen, die in je zwei oder drei Untergruppen unterteilt sind. Die Ziffern für die Gewichte der einzelnen Noten hat der Verfasser nach eigenem Ermessen gewählt und in die unteren Zeilen der Tabelle 2 eingetragen. Dabei hat er sich auf die technischen Gesichtspunkte beschränkt; in der Praxis wird natürlich der Preis der Schmierstoffe als Bestandteil einer Vergleichskalkulation hinzutreten. Die Beurteilung der einzelnen Punkte wird mit Hilfe der Noten 1 bis 9 durchgeführt. Die Addition der gewichteten Wertungsmittel der Gruppen 1 und 2 bedeutet, daß der Verschleiß insgesamt mit dem Gewicht 4 versehen ist.

Zum Vergleich werden die gleichen Schmierstoffe herangezogen wie bei der in Abbildung 65 angestellten Rangfolgeordnung. Diese Schmierstoffe wurden - abgesehen von Sägemehl - mit der im Anhang 3 beschriebenen Schmieranlage in die Gesenke eingebracht. Der Nachteil, daß Sägemehl nur von Hand gestreut wurde, ist bei der Bewertung nicht berücksichtigt worden, da es durchaus möglich erscheint, es in feingemahlenem Zustand zu blasen.

Da die physikalisch-technischen Merkmale der Gruppe 1 auf den Verschleiß einwirken (Abschnitt 2.3), müssen die Wertungen dieser beiden Gruppen ungefähr gleich sein. Daß dies mit Ausnahme von Polyalkylenglykol der Fall ist, weist auf die Brauchbarkeit des verwendeten Wertungsschemas hin. Ein Vergleich mit der in Abbildung 65 angeführten Rangfolge zeigt eine überraschend gute Übereinstimmung mit der Endwertung der fünf Schmiermittel nach Tabelle 2.

Die kleinste Endkraft und der kleinste Arbeitsbedarf wurden bei der Schmierung mit in Wasser dispergierten Festschmierstoffen ermittelt. Mit zunehmender Gleitgeschwindigkeit wurde das Reibverhalten der Schmierstoffe schlechter. (Der Erfolg im Hammer war schlechter als in der Presse.)

Das Lösen der Schmiedestücke aus der Gravur wird auf zweierlei Art begünstigt, nämlich

    mit Stoffen, die Schmiedestück und Gesenk trennen
    mit Stoffen, die treiben.

Die erstere Wirkung wird durch die Haftkraft gekennzeichnet. Auch hier zeigten die Trockenschmierfilme mit Abstand die geringsten Haftkräfte aller versprühbaren Stoffe. Ein Maß für die Treibwirkung stellt der

Tabelle 2

Wertung von untersuchten Schmierstoffen unter Berücksichtigung verschiedener Gesichtspunkte

Zeile			Merkmal	Gruppe 1 Phys.-techn. Merkmale				Gruppe 2 Verschleiß			Gruppe 3 Formgenauigkeit			Gruppe 4 Mensch			Gesamtwertung	
			Schmierstoff	Gleit-reibung	Haft-reibung	Gas-druck	Wer-tungs-mittel	makro-geo-metr.	mikro-geo-metr.	Wer-tungs-mittel	Füllung Gravur	Sauber-keit Werk-stück	Wer-tungs-mittel	Sauber-keit Ferti-gung	Rauch-bil-dung	Wer-tungs-mittel	Summe der Zahlen Zeile c	Wer-[1] tungs-ziffer
1			3	4	5	6	7	8	9	10	11	12	13	14	15	16	17	18
1	1	a	Sägemehl	3	6	8	5,75	6	5	5,75	5	7	5,5	2	3	4	17	5,2
2		b		3	12	8	(23)	18	5	(23)	15	7	(22)	2	6	(12)	36,5	
3		c					11,5			11,5			5,5			8		
4	2	a	koll.Graphit 1	4	8	1	5,25	5	4	4,75	8	7	7,75	5	8	7		6
5		b	in Wasser	4	16	1	(21)	15	4	(19)	24	7	(31)	5	16	(21)	41,75	
6		c	3,6 % Graphit				10,5			9,5			7,75			14		
7	3	a	koll. Graphit 1	3	7	6[2]	5,75	6[2]	6[2]	6	2	7	3,25	2	1	1,3		4,2
8		b	in Öl	3	14	6	(23)	18	6	(24)	6	7	(13)	2	2	(4)	29,35	
9		c	4 % Graphit				11,5			12			3,25			2,6		
10	4	a	Poly-	2	2	3	2,25	3	4	3,25	3	7	4	3	5	4,35		3,1
11		b	alkylenglykol	2	4	3	(9)	9	4	(13)	9	7	(16)	3	10	(13)	21,7	
12		c	1				2,5			6,5			4			8,7		
13	5	a	Natriumkarbonat	2	6	3	4,25	3	6	3,75	4	2	3,5	2	4	3,3		3,7
14		b	in Wasser	2	12	3	(17)	9	6	(15)	12	2	(14)	2	8	(10)	26,1	
15		c	17 % Na$_2$CO$_3$				8,5			7,5			3,5			6,6		
16		d	Gewichts-	1	2	1	(4)	3	1	(4)	3	1	(4)	1	2	(3)	(7)	
17		e	ziffer				2			2			1			2		

Note	1	3	5	7	9
Bedeutung	ungenügend	genügend	befriedigend	gut	ideal

a Note aus Skala und Wertungsmittel, Wertungsmittel = Quotient aus Summe in Zeile b und Summe der Gewichtsziffern in Zeile d

b Produkt aus Note und Gewichtsziffer der Zeile 16

c Produkt aus Wertungsmittel der Zeile a und der Gruppengewichtsziffer in Zeile 17

d innerhalb der Gruppe

e der Gruppen in der Gesamtwertung

1) Quotient aus Zahlen der Spalte 17 und Summe der Gewichtsziffern der Zeile 17

2) 1 % Graphit

größte in der Gravur entwickelte Gasdruck beim Schmieden dar. Dieser hängt von der Zusammensetzung der Schmierstoffe ab. Den höchsten Gasdruck ergab Sägemehl. Sowohl Trenn- als auch Treibwirkung beeinflussen wegen der verschiedenen Wärmebeanspruchung des Gesenkwerkstoffes den Gesenkverschleiß mittelbar.

Schmierstoffe, die die Haftkraft zwischen dem Wirkpaar verringern, bewirken auf Grund der Versuchsergebnisse auch ein günstiges Gleitreibungsverhalten. Anders ist die Beziehung zwischen der Reibung und dem Verschleiß. Bei den meisten Schmiermitteln laufen die im Wirkpaar auftretende Gleitreibung und der makrogeometrische Gesenkverschleiß nicht gleich. Auch ist eine eindeutige Beziehung zwischen makro- und mikrogeometrischem Verschleiß nicht erkennbar. Dies ist darauf zurückzuführen, daß bei der Reibung und Schmierung nicht nur mechanische, sondern auch chemische Vorgänge eine wesentliche Rolle spielen.

Während die Gesenkmaßänderung beim Schmieden mit Sägemehl im Vergleich zu den in Mineralöl dispergierten Festschmierstoffen kleiner ist, weisen die mit Sägemehl bestreuten Gesenke größere Oberflächenrauheiten als die mit Graphit in Öl geschmierten Gesenke auf. Eine wesentliche Rolle spielt der Trägerstoff, in dem der Schmierstoff dispergiert ist. So war die Gesenkmaßänderung bei der Schmierung mit Öl kleiner als bei Wasser, weil das Öl den Gesenkwerkstoff weniger intensiv abschreckt. Beim Schmieden mit Sägemehl war der maßliche Verschleiß am kleinsten, ähnlich lag er bei kolloidalem Graphit in Öl.

Eine weitere Bedeutung hat die Oberflächenveränderung. Die Aufrauhung kann soweit gehen, daß die Riefen das Lösen der Stücke aus dem Gesenk beeinträchtigen. Der sonst so günstige kolloidale Graphit in Wasser zeigt zwar anfänglich keine Veränderungen der Rauhtiefen, doch später in der Gleitreibungszone 1 plötzlich tiefe Riefen.

Wie aus Abschnitt 7 zu ersehen und in Tabelle 2 vermerkt ist, wird auch die Formgenauigkeit der Schmiedestücke durch die Schmierung beeinflußt. Schlecht verdunstende Schmierstoffe lagern sich in den Ecken der Gravur an und führen zu Fehlstellen an den Schmiedestücken. Feste Schmierstoffe in Wasser dispergiert bildeten am wenigsten Rückstände.

Vom Standpunkt des Arbeitsschutzes aus eignen sich die in Wasser dispergierten Festschmierstoffe wegen ihrer rauchlosen Verdampfung für die Gesenkschmierung am besten. Dieser Punkt sollte nicht zu gering bewertet werden.

Es leuchtet ein, daß die Vorgänge, die sich im Verlauf des Verschleißfortschreitens abwickeln, nicht mit den in den Abschnitten 3 und 4 angewandten Prüfmethoden zu erfassen sind. Daher sind Voraussagen über den Gesenkverschleiß und damit über die Standmenge der Gesenke auf Grund der durchgeführten Kurzzeituntersuchungen nicht möglich. Vergleichshalber sei auf die Beobachtungen von MÜLLER und KIRSCHSIEPER [53] hingewiesen, die sie bei der Ermittlung der Standzeit von Schneiden spanender Werkzeuge durch Kurzzeitversuche machten. Die Schmierwirkungen in Schmiedegesenken sind zu verwickelt, als daß sie mit einem einzigen Wert gekennzeichnet werden können. Daher können Kurzzeitprüfungen auch nicht die Langzeitprüfungen ersetzen. Zur eindeutigen Beurteilung der Schmierstoffe sind vielmehr beide Prüfarten erforderlich. Wohl aber können Kurzzeitversuche einen Hinweis darauf geben, ob sich Langzeitversuche lohnen werden.

Wie in der Schmiertechnik im allgemeinen, so gibt es auch bei der Gesenkschmierung im besonderen kein Schmiermittel, das in jeder Hinsicht am besten geeignet ist. Der Schmierstoff ist nach den Erfordernissen des jeweiligen Anwendungsfalls zu bewerten und auszuwählen.

Dr.-Ing. Hartmut Tolkien

Anhang 1

Daten der untersuchten Schmierstoffe

		Schmierstoff	$K^{1)}$ [%]	Bem
Feste Schmierstoffe dispergiert in [8) 10)]		Sägemehl, trocken		Ulme Tanne
	Wasser	koll.Graphit 1	1,8	} $T^{6)} \sim 1\mu m$
		koll.Graphit 1	3,6	
		koll.Graphit 2	2	
		koll.Graphit 2	4	
		koll.Molybdän-Disulfid	2	} $T \sim 1\mu m$
		koll.Molybdän-Disulfid	4	
		ZnS + Stabilisator	2,5	$T = 1...3$
	Mineralöl	koll.Graphit 1	1	} $T \sim 1\mu m$
		koll.Graphit 1	4	
		koll.Graphit 2	4	
		halbkoll.Graphit 1	2	} $T = 1...4$
		halbkoll.Graphit 1	4,5	
		Graphit 3	5	
		koll.Molybdän-Disulfid	4	$T \sim 1\mu m$
		Zinksulfid	~ 5	$T \sim 1...3$
		Zinksulfid$^{9)}$	~ 50	pastenförm

gen	benutzt in		untersucht bei			
	FGS	Betrieb	$Gl^{2)}$	$Ha^{3)}$	$Ga^{4)}$	$V^{5)}$
	X		X	X	X	
		X				X
0,2%		X				X
	X	X	X	X	X	X
		X				X
	X	X	X	X		X
		X				X
1 %	X		X	X		
		X				X
0,2%		X			X	X
	X		X	X		
	X		X	X		
V = 0,2%		X				X
	X		X	X		
	X		X	X		
1 %	X		X	X		
	X	X	X	X		X
	X		X	X		

Flüssige Schmierstoffe		Mineralöl[8]	UV[11]	Aschegehalt:
		Mineralöl[10]	UV	Aschegehalt:
		Rizinusöl	UV	18/19°E/°C Fl
	wasserlöslich	Emulsion 1	7	emulg.Konzent
		Emulsion 2	27	Mineralöl m.
		Polyalkylenglykol 1	UV	
		Polyalkylenglykol 1	9	synth. m. Zus
		Polyalkylenglykol 2	9	
		Diäthylenglykol	UV	
		Polyäthylenglykol	6	Polywachs, Fl
Lösungsmittel		Perchloräthylen	UV	wasserunlösli
Salze in Wasser gelöst		Natriumkarbonat	17	$Na_2CO_3:H_2O =$
		Natriumbikarbonat	8	$NaHCO_3:H_2O =$
		koll.Graphit 2+Na_2CO_3	1	Graphit:(Na_2C Na_2C
		Salz + Natriumkarbonat		($NaCl:Na_2CO_3$
		"Px" : Wasser = 1:50[12]	2	Natriumtetrab
		Wasserglas	20	$Na_2SiO_3:H_2O =$

[1] Konzentration in Gew.-%   [2] Gleitreibung   [3] Haf
[7] Verunreinigung   [8] Raffinat, Viskosität: 2,4°E/2
[10] Raffinat, Viskosität 1,5°E/50°C, Flammpunkt 175°

%		X		X	X	X	
%			X				X
nkt: 280°C		X		X	X		
bschreckem.)		X	X	X	X	X	X
ator(Bohröl)			X				X
		X		X	X	X	
offen			X				X
			X				X
		X		X	X	X	
nkt: 255°C		X	X	X	X		X
		X		X	X		
		X	X	X	X	X	X
			X			X	X
O) = 1:10			X				X
O = 1:5							
):H$_2$O = 1:13			X				X
Kaliumphosphat			X				X
		X		X	X	X	

ung [4)]Gasdruck [5)]Verschleiß [6)]Teilchengröße

Flammpunkt: 160°C [9)]in unlegiertem Motorenöl SAE10

[1)]unverdünnt [12)]neuerdings a. Phosphatherm bezeichn

T a b e

Wertung von untersucht

Berücksichtigung versc

Zeile	Lfd. Nr.	Schmierstoff	Merkmal	Gruppe 1 Phys.-techn. Merkmale				Gruppe Verschl	
				Gleit-rei-bung	Haft-rei-bung	Gas-druck	Wer-tungs-mittel	makro-geo-metr.	mikro-geo-metr.
1	2	3		4	5	6	7	8	9
1	1	Sägemehl	a	3	6	8	5,75	6	5
2			b	3	12	8	(23)	18	5
3			c				11,5		
4	2	koll. Graphit 1 in Wasser 3,6 % Graphit	a	4	8	1	5,25	5	4
5			b	4	16	1	(21)	15	4
6			c				10,5		
7	3	koll. Graphit 1 in Öl 4 % Graphit	a	3	7	$6^{2)}$	5,75	$6^{2)}$	$6^{2)}$
8			b	3	14	6	(23)	18	6
9			c				11,5		
10	4	Poly-alkylenglykol 1	a	2	2	3	2,25	3	4
11			b	2	4	3	(9)	9	4
12			c				2,5		
13	5	Natriumkarbonat in Wasser 17 % Na_2CO_3	a	2	6	3	4,25	3	6
14			b	2	12	3	(17)	9	6
15			c				8,5		
16		Gewichts-ziffer	d	1	2	1	(4)	3	1
17			e				2		

Note	1	3	
Bedeutung	ungenügend	genügend	befr

a Note aus Skala und Wertungsmittel, Wertungsmittel = Quotient aus Summe in Z
   Summe der Gewichtsziffern in Zeile d

b Produkt aus Note und Gewichtsziffer der Zeile 16

c Produkt aus Wertungsmittel der Zeile a und der Gruppengewichtsziffer in Zei

d innerhalb der Gruppe

e der Gruppen in der Gesamtwertung

1) Quotient aus Zahlen der Spalte 17 und Summe der Gewichtsziffern der Zeile 1
2) 1 % Graphit

e 2

hmierstoffen unter
ner Gesichtspunkte

-gs-ttel	Gruppe 3 Formgenauigkeit			Gruppe 4 Mensch			Gesamtwertung	
	Füllung Gravur	Sauberkeit Werkstück	Wertungsmittel	Sauberkeit Fertigung	Rauchbildung	Wertungsmittel	Summe der Zahlen Zeile c	Wertungsziffer [1]
10	11		13	14	15	16	17	18
5,75 (23) 11,5	5 15	7 7	5,5 (22) 5,5	2 2	3 6	4 (12) 8	36,5	5,2
4,75 (19) 9,5	8 24	7 7	7,75 (31) 7,75	5 5	8 16	7 (21) 14	41,75	6
6 (24) 2	2 6	7 7	3,25 (13) 3,25	2 2	1 2	1,3 (4) 2,6	29,35	4,2
3,25 (13) 6,5	3 9	7 7	4 (16) 4	3 3	5 10	4,35 (13) 8,7	21,7	3,1
3,75 (15) 7,5	4 12	2 2	3,5 (14) 3,5	2 2	4 8	3,3 (10) 6,6	26,1	3,7
(4) 2	3	1	(4) 1	1	2	(3) 2	(7)	

nd	7	9
	gut	ideal

und

Anhang 2

Daten der benutzten Umformmaschinen

1. Institutsversuche

    1.1 Hydraulische Versuchspresse

        Baujahr: 1952
        Hersteller: Becker und van Hüllen
        Hub: 315 mm
        Nennkraft: 250 Mp
        Arbeitsvermögen: 80 000 mkp
        Größte Stößelgeschwindigkeit: ~ 0,5 m/s
            gefahren mit 0,1 m/s

    1.2 Schwungradspindelpresse

        Baujahr: 1952
        Hersteller: Maschinenfabrik Weingarten
        Hub: 350 mm
        Nennkraft: 180 Mp
        Arbeitsvermögen mit Zusatzring: 1100 mkp[21]
        Größte Stößelgeschwindigkeit: ~ 0,4 m/s
            gefahren mit 0,3 m/s

    1.3 Riemenfallhammer

        Baujahr: 1950
        Hersteller: Gebr. Edelhoff
        Größte Fallhöhe: 2,5 m
        Bärmasse (einschl. Obergesenk): ~ 400 kg
        Größtes Arbeitsvermögen: 1000 mkp
        Größte Bärgeschwindigkeit: ~ 6,3 m/s

---

[21] Sämtliche Versuche wurden mit Zusatzring gefahren

2. Betriebsversuche

2.1 Schwungradspindelpresse

Baujahr: 1955
Hersteller: Maschinenfabrik Weingarten
Hub: 430 mm
Nennkraft: 450 Mp
Arbeitsvermögen: 4000 mkp
Größte Stößelgeschwindigkeit: ~ 0,5 m/s
   gefahren mit 0,4 m/s

2.2 Dreischeibenspindelpresse

Baujahr: 1955
Hersteller: Hasenclever
Hub: 300 mm
Nennkraft: 400 Mp
Arbeitsvermögen: 2000 mkp
Größte Stößelgeschwindigkeit: ~ 0,5 m/s
   gefahren mit ~ 0,5 m/s

Anhang 3

Schmieranlage zur Schmierung von Schmiedegesenken in Pressen

Damit die Versuchsergebnisse nicht von der Art des Schmierens beeinflußt wurden, mußten die Gravuren mit einem gleichmäßigen Schmierfilm vollständig überzogen werden. Dies war bei der Verwendung von in Wasser dispergierten Festschmierstoffen schwierig, wenn von Hand geschmiert wurde. Außerdem waren die Stückfolgezeiten beim Schmieden der Getrieberäder zu kurz, um Ober- und Untergesenk mit der für die Untersuchungen notwendigen Genauigkeit von Hand schmieren zu können. Daher war es für die Betriebsversuche und zum Teil auch für die in der Forschungsstelle Gesenkschmieden durchgeführten Versuche erforderlich, die Schmiermittel mit Hilfe einer geeigneten Vorrichtung in die Gesenke einzubringen. Dabei wurden gleichzeitig Erfahrungen für die Werkzeugschmierung in selbsttätigen Schmiedeanlagen gesammelt, bei denen eine Schmierung von Hand nicht mehr möglich ist.

Abbildung 66

Versuchsschmieranlage an der Dreischeibenspindelpresse

Nach einer Reihe von Vorversuchen wurden schließlich mit der in Abbildung 66 abgebildeten Versuchsschmieranlage die in Abschnitt 6 beschriebenen Untersuchungen durchgeführt. Ober- und Untergesenk wurden gleichzeitig mit Düsen besprüht, die pneumatisch bewegt wurden. Mit einem doppelt wirkenden Luftzylinder, der auf einem an die Presse angeschraubten Gestell befestigt war, wurde der Düsenkopf schnell zwischen die beiden Gesenkhälften gefahren und nach erfolgter Schmierung wieder selbsttätig in die Ausgangsstellung zurückgebracht. Das Schmiermittel wurde den Düsen durch die hohlgebohrte Kolbenstange des Luftzylinders zugeführt.

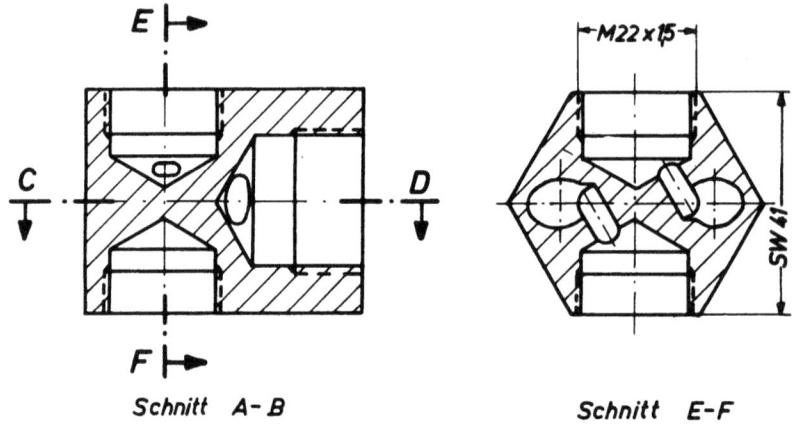

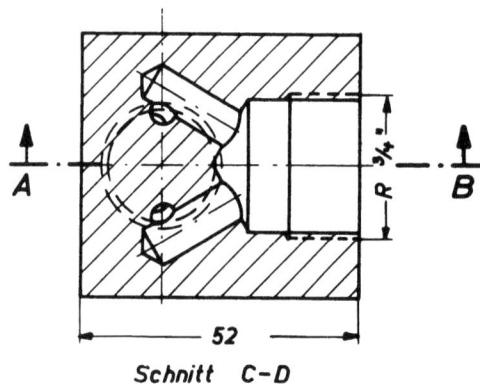

Abbildung 67
Düsenkopf für die Schmieranlage

Der Düsenkopf (Abb. 67) war für den rauhen Schmiedebetrieb aus Sechskantstahl gefertigt. Die zwei gegenüberliegenden Bohrungen nahmen die Düsen für das Ober- und Untergesenk auf. Das Luft-Flüssigkeits-Gemisch wurde jeder Düse über einen eigenen Kanal gut durchwirbelt zugeleitet. Da der Abstand zwischen den beiden in die Presse eingebauten Gesenkhälften in Ruhestellung der Maschine zu groß war, wurde in die eine Aufnahmebohrung des Düsenkopfes ein entsprechendes Verlängerungsstück (Abb. 68) geschraubt. Hierdurch wurde ein Verdampfen des versprühten Schmiermittels in der von dem heißen Gesenk erzeugten Strahlungswärme unterbunden und die Gravur mit einem gleichmäßigen Schmierfilm überzogen. Die erforderliche Veränderung des Spritzkegels erfolgte durch Auswechseln der betreffenden Düsen.

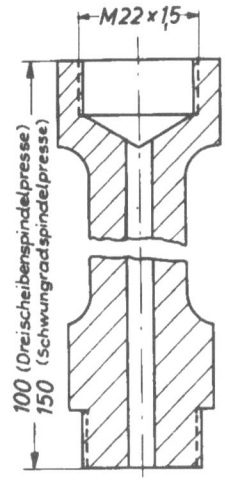

Abbildung 68
Verlängerungsstück für die
Düsenaufnahmebohrung

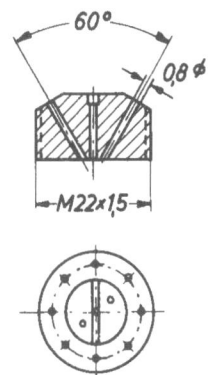

Abbildung 69
Düse zur Gesenkbesprühung

Die Strahlart ist von der Düsenform abhängig. So liefert eine gewöhnliche Düse einen dünnen Rundstrahl und eine Nadeldüse einen Ringstrahl [38]. Beide Strahlarten sind für die Gesenkschmierung ungeeignet. Auch die in der Farbspritztechnik üblichen Rundstrahldüsenköpfe, bei denen man die Luftzuführung und damit den Strahlkegel verändern kann, eignen sich wegen der kurzen Sprühabstände und der rauhen Betriebsbedingungen nicht für die Gesenkbesprühung. Daher wurden Düsen aus Messing von der in Abbildung 69 dargestellten Art verwendet, die bequem auszuwechseln waren. Die auf dem Umfang verteilten acht Bohrungen hatten einen Durchmesser von 0,8 mm und waren so angeordnet, daß sie zusammen einen Spritzkegelwinkel von 60° ergaben. Der auf diese Weise gebildete Ringstrahl wurde durch drei zusätzliche Bohrungen in der Mitte in einen Rundstrahl umgewandelt. Abbildung 70 zeigt den bei den Versuchen verwendeten vollständigen Düsenkopf. In Abbildung 71 ist die Versuchsanlage während der Besprühung des Gesenkes in der Dreischeibenspindelpresse (s. Anhang 2) abgebildet.

Als Schmieranlage wurde ein pneumatisches Arbeitsgerät [22] verwendet, bei dem das Schmiermittel durch Luft gefördert wurde (Abb. 72). Die Anlage wurde bei N an das Betriebsluftnetz angeschlossen und war bei einem normalen Betriebsdruck von 3 at für einen größten Druck von 10 at aus-

---

[22] De Limon-Norgren-Kühlschmieranlage,
Hersteller: Firma De Limon Fluhme & Co., Düsseldorf

Abbildung 70
Düsenkopf mit Verlängerungsstück und Düsen

Abbildung 71
Gesenkschmierung durch halbselbsttätige Schmieranlage

gelegt. Die den Filter 2 durchströmende Luft wurde über einen Druckregler 7 auf den Betriebsdruck von 3 at reduziert und über ein elektrisch gesteuertes Magnetventil 9 dem Mischventil 4 zugeführt. Hierzu parallel drückte die über einen Regler 8 reduzierte Luft das in dem Flüssigkeitsbehälter 1 befindliche flüssige Schmiermittel über ein Magnetventil 10 in das Mischventil 4. Von hier gelangte das Luft-Flüssigkeits-Gemisch zum Düsenkopf 3. Mit Hilfe der in dem Mischventil eingebauten Verstellspindel konnte jedes gewünschte Mischungsverhältnis zwischen reiner Luft und Luft-Flüssigkeitsgemisch gefahren werden. Durch Veränderung der Öffnungszeiten der Magnetventile konnte zusätzlich die je Hub versprühte Menge so eingestellt werden, daß sich ein optimaler Schmiermittelverbrauch ergab.

Der Deckel des Druckbehälters enthielt eine mit einer kleinen Bohrung versehene Schraube, durch die ständig etwas Luft abblies. Hierdurch wurde eine gute Durchwirbelung des Schmiermittels im Behälter erzielt, die bei der Verwendung von halbkolloidalen Lösungen erforderlich ist. Bei den Untersuchungen wurden von der Versuchsschmieranlage Flüssigkeiten mit einer Viskosität von $2^°E/50^°C$ einwandfrei gefördert.

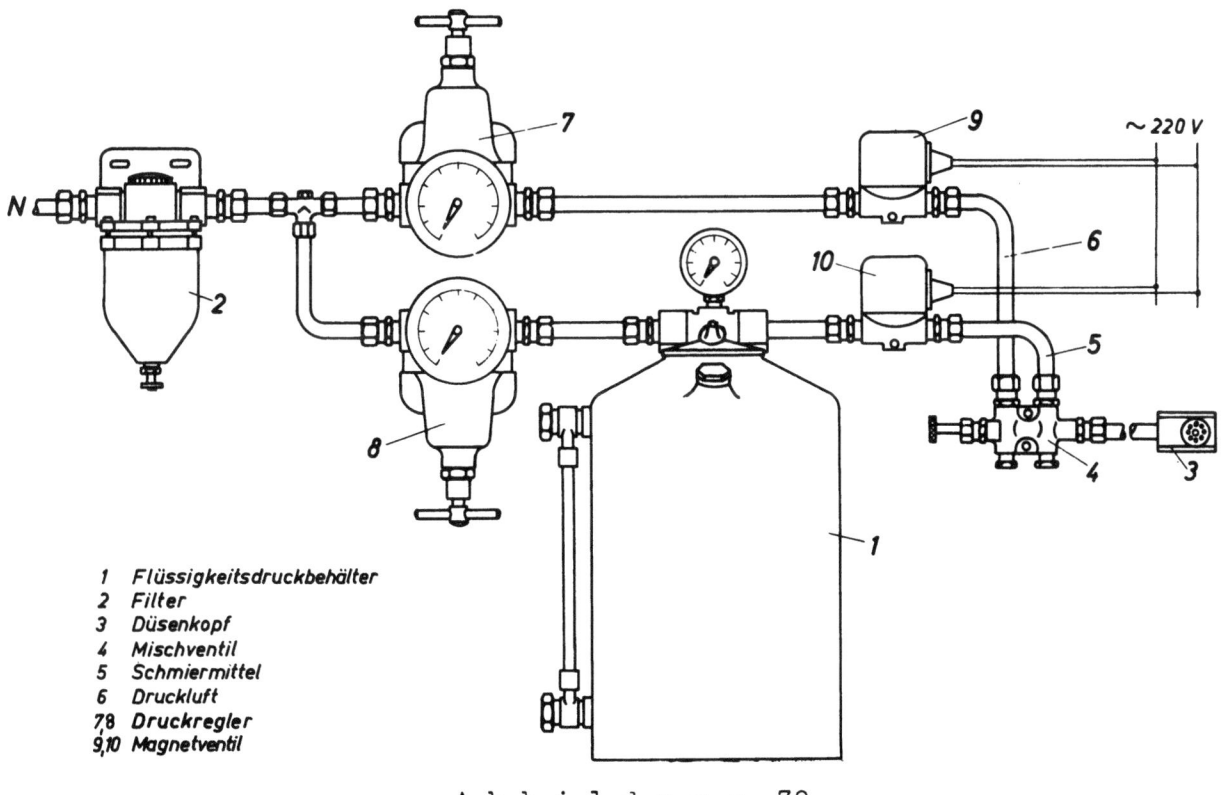

1 Flüssigkeitsdruckbehälter
2 Filter
3 Düsenkopf
4 Mischventil
5 Schmiermittel
6 Druckluft
7,8 Druckregler
9,10 Magnetventil

A b b i l d u n g 72
DE LIMON-NORGREN-Schmieranlage

Aus versuchstechnischen Gründen wurden die Gesenke nur halbselbsttätig geschmiert. Dabei sicherte ein Rollenendschalter die Schmieranlage gegen eine falsche Bedienung ab. Der Schmiervorgang wurde über einen Taster von Hand ausgelöst (Abb. 71). Die beiden Magnetventile öffneten über ein gemeinsames Zeitrelais die Luft- und Schmiermittelleitung für die eingestellte Sprühzeit von 0,25 s.

Anhang 4

Aufbau und Durchführung der Versuche zur Ermittlung der äußeren Reibkraft und der Haftkraft

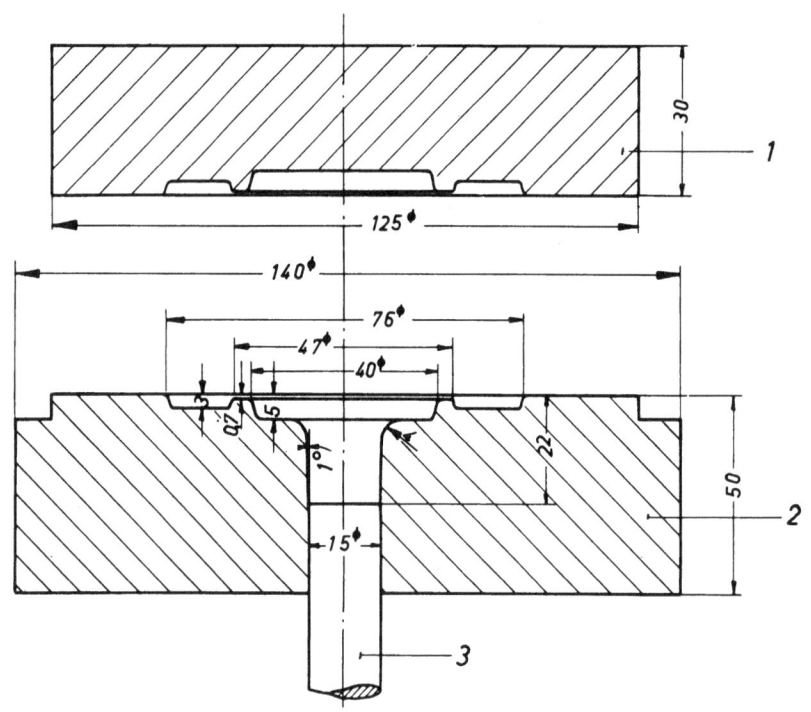

A b b i l d u n g 73
Versuchsgesenk zur Bestimmung der
äußeren Reibkraft und der Haftkraft
1 Obergesenk
2 Untergesenk
3 Auswerfer

Für die Untersuchungen des Reibverhaltens der Schmierstoffe wurde ein einseitiger Zapfen mit Flansch gewählt. Die Gesenke bestanden aus dem Werkstoff 56 NiCrMoV 7 (Werkstoff-Nr. 2714 nach DIN 17006), der durch Abschrecken in Öl und anschließendes Anlassen auf eine Härte von

HR_c = 43...45 entsprechend σ_B = 145...150 kp/mm² Zugfestigkeit vergütet war. Die Gravuren waren feingedreht.

In Vorversuchen wurde festgestellt, daß durch die Schmierung der Gratbahn der Widerstand gegen das Austreten des Werkstoffs verringert und dadurch das Steigen in der Gesenkhöhlung herabgesetzt wird. Das Gratbahnverhältnis b/s wurde daher so bestimmt, daß die Gravur immer durch den Werkstoff ausgefüllt war; es betrug b/s = 2,5 (b = 3,5 mm   s = 1,4 mm).

Abbildung 74 zeigt den Versuchsaufbau unter der Schwungradspindelpresse. Die Kraftmessung erfolgte mit Hilfe einer für eine Größtkraft von 250 Mp ausgelegten Drei-Säulen-Kraftmeßplatte 9. Drei Führungssäulen mit großem Spiel zentrierten die Unterplatte. Die leicht balligen Meßsäulen lagen auf einer in die Unterplatte eingelassenen gehärteten Scheibe und waren mit je zwei aktiven und passiven 120-Ohm-Dehnmeßstreifen beklebt.

Alle Aktiv- und Passivstreifen waren in Reihe geschaltet und bildeten die Hälfte einer Wheatstone'schen Brücke. Die beiden anderen Brückenzweige lagen in einer dynamischen Dehnmeßbrücke (Bauart Brandau), die die Streifen speiste und abglich und den Meßstrom verstärkte. Die elektrischen Werte der Dehnungen wurden von einem Schleifenoszillographen (Bauart Siemens) in ihrem zeitlichen Verlauf aufgezeichnet.

Die Kraftmeßplatte wurde vor, zwischen und nach den Versuchen mit Hilfe eines "Kraftnormals" [34] in Gestalt eines Kraftmeßbügels (Bauart Wazau, Höchstlast 300 Mp) stufenweise von 25 zu 25 Mp aufwärts bis 250 Mp geeicht.

Die Wegmessung im Riemenfallhammer ist mit einigen Schwierigkeiten verbunden. Deshalb wurden bei den gesamten Versuchen die Umformwege mit einer von STÖTER [72] entwickelten Vorrichtung gemessen. Sie bestand aus einem induktiven Verlagerungsgeber 7 (Bauart Philips) mit einem Meßbereich von 2 mm und einem am Ende mit einem Kegel versehenen Stift 8 aus gehärtetem Stahl, der die Bewegung des Obergesenkes 1 während des 30 mm langen Umformweges in die Verschiebung des senkrecht zu ihm gelagerten Verlagerungsgebers übersetzte. Durch die Verschiebung des Eisenkerns wurde die Induktivität des Gebers verändert, die einen zum Weg proportionalen Ausschlag der Oszillographenschleife bewirkte. Kegel- und Geberstift waren gedämpft, damit beim Aufsetzen auf den Halter des Untergesenkes 2 kein fehlerhafter Weg aufgeschrieben wurde. Durch die Anordnung des Weggebers zwischen Ober- und Untergesenk wurde der direkte Umformweg ohne andere Federwege gemessen.

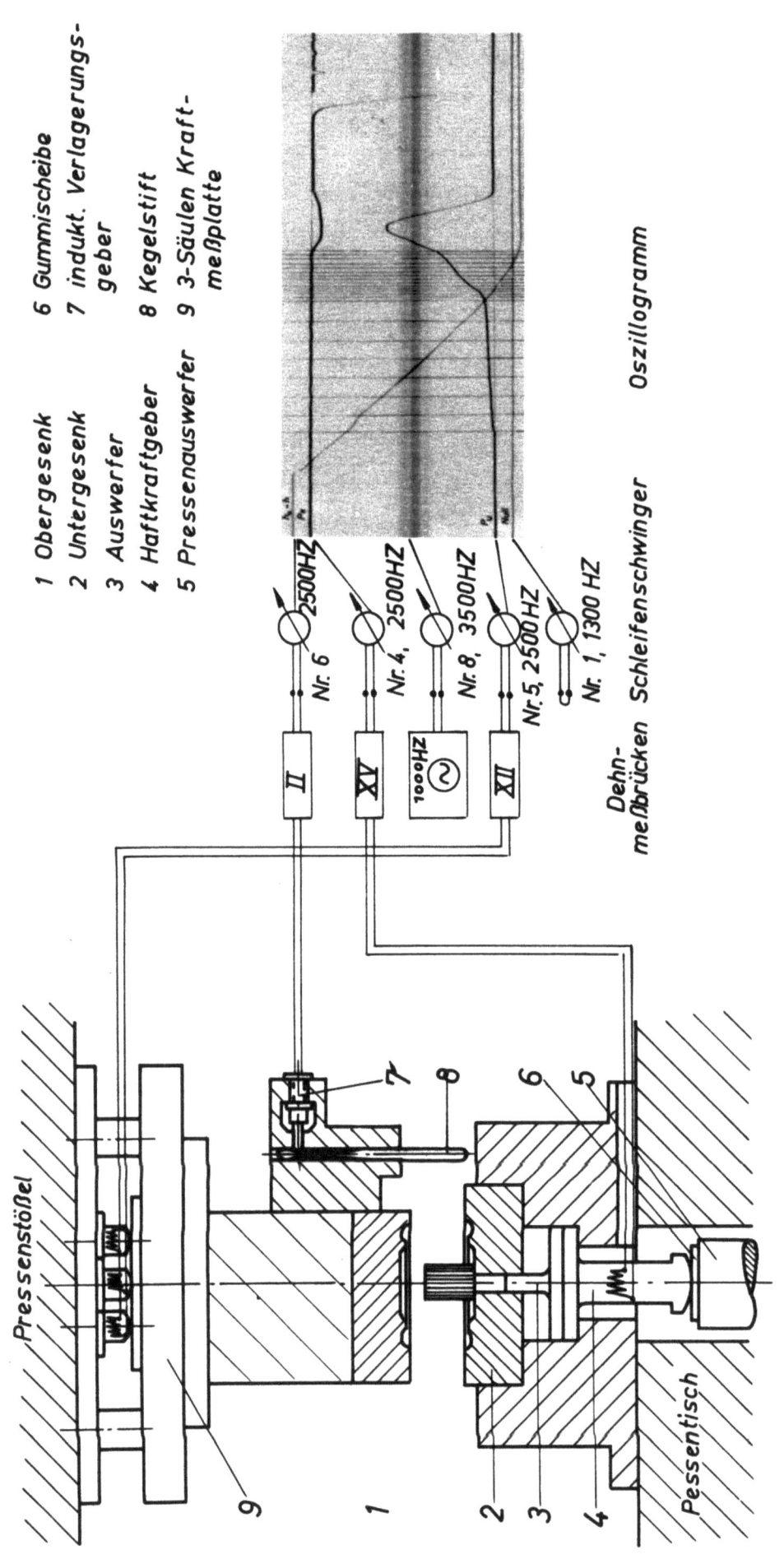

Abbildung 74

Versuchsaufbau in der Schwungradspindelpresse zum Messen der äußeren Reibkraft und Haftkraft im Gesenk

Der Weggeber wurde während der Versuche öfter geeicht, weil die Kennlinie des induktiven Verlagerungsgebers nicht genau linear war und daher nicht mit Hilfe einer Paralleleichung auf die jeweilige Brückenempfindlichkeit umgerechnet werden konnte.

Da der Meßbereich der Kraftmeßplatte für die Versuche im Riemenfallhammer nicht ausreichte, wurde sie durch eine Meßdose ersetzt, die aus einem auf der Innenseite mit Dehmeßstreifen beklebten Ring bestand. Aus einbautechnischen Gründen waren die Gesenke im Hammer so befestigt, daß der am Werkstück befindliche Zapfen im Obergesenk und der Weggeber am Untergesenk untergebracht waren. Da nach STÖTER [72] die Massenkräfte für den Umformvorgang bedeutungslos sind, war diese Versuchsanordnung ohne Einfluß auf die Meßergebnisse, so daß die Anfertigung neuer Werkzeuge und Vorrichtungen eingespart werden konnte.

Wegen der hohen Fallgeschwindigkeit war es schwierig, den Filmvorschub des Oszillographen kurz vor der Umformung im Riemenfallhammer auszulösen. Aus diesem Grunde wurde die in den Siemens-Oszillomaten eingebaute Fernauslösung verwendet. Ein am Hammerbär befestigter Stechkontakt wurde beim Fallen in der vorher eingestellten Höhe gezogen und der Filmvorschub eingeschaltet.

Zur Ermittlung der Haftkraft im Wirkpaar war das in Abbildung 73 dargestellte Untergesenk mit einer Bohrung für den Auswerfer versehen. Dieser war so in das Gesenk eingepaßt, daß das in der Gravur befindliche Gas-Luftgemisch nicht verdichtet werden konnte und die Meßergebnisse von Treibwirkungen unbeeinflußt blieben.

Unmittelbar nach der Umformung wurde die Probe von dem Pressenauswerfer 8, der über zwei Zugstangen mit dem zurücklaufenden Pressenstößel verbunden war, über den Auswerfer 3 aus dem Untergesenk 2 gestoßen (Abb.75a). Die dabei auftretende Kraft wurde durch die elektrische Anzeige der Dehmeßstreifen 6, die auf den dazwischen geschalteten Haftkraftgeber 5 geklebt waren, auf dem Oszillogramm aufgenommen. Die Auswerferstange 8 der Presse war so eingestellt, daß sie über eine Hartgummischeibe 7 ständig den Geber 5 berührte. Bei Pressenhüben, in denen keine Proben umgeformt wurden, zeigte sich, daß der Pressenauswerfer keine Stoßkräfte auf den Haftkraftgeber ausübte und somit einwandfreie und wiederholbare Messungen gestattete.

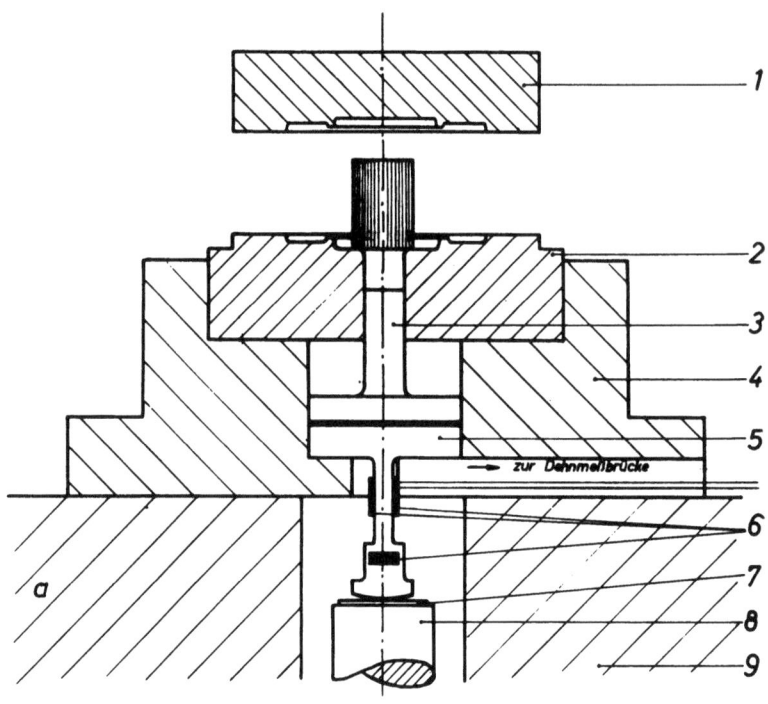
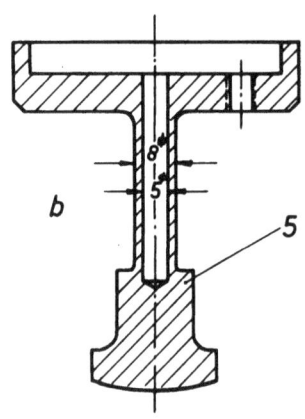

Abbildung 75

Versuchseinrichtung zur Ermittlung der Haftkraft im Gesenk

1 Obergesenk
2 Untergesenk
3 Auswerfer
4 Halter für Untergesenk
5 Haftkraftgeber
6 Temperatur-Dehnmeßstreifen
7 Gummischeibe
8 Pressenauswerfer
9 Pressentisch

Der Auswerfer 3 bestand wie die Gesenke aus dem Werkstoff 56 NiCrMoV 7 und war auf eine Härte von $HR_c = 45$ vergütet. Der Haftkraftgeber 5 bestand aus dem gleichen Gesenkstahl und war nach der mechanischen Bearbeitung spannungsfrei geglüht.

Da der mit einem Durchmesser von 15 mm ausgeführte Geber für die Ermittlung kleinerer Kräfte zu groß war, wurde ein weiterer Meßkörper von der in Abbildung 75b dargestellten Form hergestellt. Er hatte einen quadratischen Querschnitt von 8 x 8 mm, der 5 mm hohl gebohrt war, um die zur Anzeige erforderliche Empfindlichkeit zu erhalten. Die Geber waren an ihren oberen Enden als Flansche ausgebildet, die die hohe Belastung während der Umformung aufnahmen und ein Ecken des Auswerfers im Untergesenk verhinderten. Auf dem quadratischen Querschnitt befanden sich die beiden in Reihe geschalteten Aktivstreifen und auf dem darunterliegenden Bund die für den Temperaturausgleich erforderlichen zwei Passivstreifen.

Die zunächst bei den Vorversuchen verwendeten Dehnmeßstreifen für Temperaturen bis 70°C erlaubten bei den durch die Aufheizung der Gesenke herrschenden Temperaturverhältnissen keine einwandfreien Messungen. Nach einer Reihe weiterer Versuche mit verschiedenen Dehnmeßstreifen für hohe Temperaturen wurden schließlich auf die sandgestrahlten Aufnahmeflächen der beiden Haftkraftgeber in Phenolharzfolien eingebettete 120 Ω -Streifen [23] mit einem mehrere Tage kalt aushärtenden Kleber aufgeklebt. Diese Dehnmeßstreifen arbeiteten bei den vorliegenden Betriebstemperaturen bis zu 170°C einwandfrei. Ihre Empfindlichkeit in der Meßrichtung änderte sich auch nicht bei veränderten Temperaturen der Wheatstone'schen Brückenschaltung. Die Verschiebung, die der Nullpunkt während der Aufheizung erfuhr, wurde durch Neuabgleich berichtigt.

Beide Haftkraftgeber wurden vor, während und am Schluß der Versuche im Eichgestell mit Hilfe von Kraftmeßbügeln (Bauart Mohr und Federhaff, Höchstlast 10 Mp und Bauart Wazau, Höchstlast 1 Mp) bis 5 Mp bzw. 1 Mp bei Raumtemperatur und im aufgeheizten Zustand von ungefähr 110°C geeicht.

Vorversuche mit Gesenkschrägen von 6, 3 und 0° hatten ergeben, daß sich die Schmierwirkungen der Schmierstoffe mit geringerer Schräge besser beurteilen lassen. Erwartungsgemäß nahmen die Haftkräfte und damit die Beanspruchung der Schmiermittel zu und die Unterschiede in den Trennwirkungen wurden größer. Obwohl sonach eine Gesenkschräge von 0° am besten geeignet war, wurde aus fertigungstechnischen Gründen nach Abbildung 73 ein Neigungswinkel von 1° gewählt.

---

[23] SR 4-Dehnmeßstreifen Type 3/120 FB 3,
Hersteller: Firma Hottinger, Darmstadt.

Damit das Reibverhalten der Schmierstoffe mit ihrer Wirkung auf den Gesenkverschleiß verglichen werden kann, wurde als Probenwerkstoff der beim Schmieden von Getrieberädern verwendete Werkstoff 34 Cr 4 (Werkstoff-Nr. 7033 nach DIN 17006) gewählt.

Er hatte folgende Analyse:

C	Si	Mn	P	S	Cr	Ni
0,34	0,26	0,71	0,013	0,011	1,05	0,04 %

Als Ausgangsform standen zylindrische Proben von 25 mm Durchmesser und 40 mm Höhe bei gleichem Gewicht von 153 $\pm$ 1,0 g zur Verfügung.

Da der Anteil der äußeren Reibung an der Umformkraft verhältnismäßig klein ist, war es für die Untersuchungen wesentlich, die Umformtemperatur als wichtigste Einflußgröße in möglichst engen Grenzen konstant zu halten. Nach einer Reihe von Vorversuchen wurden die Proben einzeln in einem Elektroofen mit Widerstandsheizung unter Schutzbehältern erwärmt, die das Verzundern weitgehend verhinderten. Die selbsttätige Temperaturregelung des Ofens war auf 1200°C eingestellt. Die Ofentemperatur wurde während der Versuche mit einem Teilstrahlungspyrometer überprüft. Darin wurde die Helligkeit des Glühfadens einer Glühlampe so lange verändert, bis sie mit der Helligkeit der Ofentemperatur übereinstimmte. Nach einer Wärmzeit von genau 10 min wurden die Proben aus dem Ofen genommen, in das Untergesenk eingelegt und mit einer Lehre ausgerichtet. Danach wurde sofort der Schlag ausgelöst. Da die Proben nicht mehr mit dem Teilstrahlungspyrometer anvisiert wurden, konnten sie drei Sekunden nach dem Herausnehmen aus dem Ofen mit nur sehr geringen Temperaturschwankungen und so gut wie zunderfrei bei 1150°C umgeformt werden.

Die Gesenke wurden mit einer aus zwei elektrischen Heizplatten bestehenden Vorrichtung so erwärmt, daß sie bei der Umformung der Proben eine Temperatur von 110 bis 120°C hatten. Sie entspricht der üblichen mittleren Werkzeugtemperatur beim Gesenkschmieden von kleinen Stahlteilen im ununterbrochenen Betrieb. Die Temperaturen wurden mit dem Thermophil [24], einem elektronischen Thermometer gemessen. Der im Fühler angeordnete temperaturempfindliche Germanium-Halbleiter änderte mit der Temperatur sehr schnell seinen Widerstandswert, wodurch eine Elektronenröhre beeinflußt wurde. Ihr Anodenstrom war im Anzeigeinstrument, in Temperaturgraden geeicht, ablesbar.

---

[24] Hersteller: Firma Ultrakust, München.

Bei allen Schmiermitteln wurden die Messungen an mindestens drei, in den meisten Fällen jedoch an fünf und mehr Proben wiederholt. Die Gesenke wurden nach jedem Abschluß einer Schmierstoffuntersuchung 1 mm nachgesetzt. Auf diese Weise wurde verhindert, daß Resteinflüsse von vorangegangenen Versuchen die Ergebnisse verfälschen konnten.

Untersucht wurde das Reibverhalten von 20 verschiedenen Schmierstoffen, die nach der unter 23 angeführten Unterteilung im Anhang 1 mit allen verfügbaren Kenndaten zusammengestellt sind.

Die Konzentration der Emulsion wurde mit einem Bohrölprüfer festgestellt. Der Meßzylinder wurde bis zur unteren Marke mit der Emulsion gefüllt und darüber bis zur oberen Marke unverdünnte Salzsäure gegossen. Nach einer gewissen Zeit, die durch die Erwärmung des Kolbens im Wasserbad verkürzt wurde, zersetzte die Salzsäure die Emulsion, wodurch sich das Öl oben abschied. Nachdem die untere Flüssigkeitsschicht klar geworden war, wurde der Ölgehalt an einer im Kolbenhals eingeätzten Eichskala in Prozenten abgelesen.

Die Schmiermittel wurden mit der im Anhang 3 beschriebenen halbselbsttätigen Schmieranlage oder von Hand mit einem Pinsel in die Gesenke eingebracht. Sägemehl wurde mit Hilfe eines Siebes gleichmäßig über die Gravur verteilt, die Menge nach dem Volumen bestimmt. Vorher wurden die Werkzeuge sorgfältig von Fremdschichten gesäubert und mit Aceton entfettet.

Bei der Verwendung fester in Wasser dispergierter Schmierstoffe wie Graphit und Molybdän-Disulfid wurden die Gesenkoberflächen nach dem Entfetten vorbehandelt. Zu diesem Zweck wurden nach der Erwärmung auf etwa $100^\circ C$ die Gesenke mit den wäßrigen Lösungen bestrichen und die entstandenen Überzüge unter kräftigem Druck mit einer Drahtbürste in die Oberfläche eingearbeitet. Durch mehrmaliges Wiederholen dieses Vorganges wurden Trockenschmierfilme erzeugt, die außerordentlich fest auf den Gravuren hafteten und beim Schmieden der ersten Probe hervorragende Schmierwirkungen zeigten.

Literaturverzeichnis

[1] BARTEL, A. — Ein neuer Getriebeölprüfstand für gleitende Reibung unter sehr hoher Belastung
VDI-Berichte, Band 20 (1957), S.79/90

[2] BARTEL, A. — Schmierung und Schmierstoffprüfung bei hohen Temperaturen
VDI 101 (1959) S. 348

[3] BARTEL, A. und E. KUSS — Einige Grundlagenversuche zur Oberflächenverformung und Pittingbildung.
Freiberger Forsch.-Hefte Nr. B 35 (1959) S. 112/28
s.a. VDI 102 (1960) S. 680

[4] BECK, G. — Über die Beanspruchung von Schmiedegesenken durch Wärme
Diss.Techn. Hochschule Hannover 1957

[5] BEUERLEIN, P. — Die wichtigsten chemisch-physikalischen und mechanischen Schmierstoff-Untersuchungsmethoden und ihre Bedeutung für die Schmierung
VDI-Berichte, Band 20 (1957), S.151/56

[6] BOWDEN, F.P. — Recent experimental studies of solid friction
Veröffentlicht in: Davies, R: Friction and wear, Symposium held at the General Motors Research Laboratories, Elsevier Publishing Company Amsterdam 1959

[7] BOWDEN, F.P. und E.H. FREITAG — Einige neuere Versuchsergebnisse über die Reibung fester Körper
VDI-Berichte, Band 20 (1957), S.101/08

[8] BOWDEN, F.P. J. GREGORY und D. TABOR — Lubrication of metal surfaces by fatty acids.
Nature 156 (1945), S. 97/101

[9] BOWDEN, F.P. und   Reibung und Schmierung fester Körper
      D. TABOR   Springer-Verlag Berlin 1959
                              Deutsche Übersetzung von E.H. Freitag

[10] BOYD, J. und   The friction properties of various
      B.P. ROBERTSON   lubricants at high pressures
                              Trans.Amer.Soc.Mech.Engrs. 67 (1945)
                              S. 51-59

[11] BRILL, K.F.   Druckstoßschwingungen in Hochdruck-
                              leitungen hydraulischer Preßanlagen
                              Diss.T.H. Hannover 1956
                              s.a. Werkstattstechnik 49 (1959) S. 366

[12] CHASE, H.   Increased forging die life
                              Iron Age 161 (1948) S. 88/94

[13] CRANZ, C.   Lehrbuch der Ballistik
                              Springer-Verlag Berlin 1927, Band III,
                              2. Aufl. 8. Abschnitt: Messung des
                              Druckes der Pulvergase

[14] DAHL, W. und   Einige neuere Arbeiten über den Schmier-
      W. LUEG   vorgang in der Kaltformgebung
                              Stahl u. Eisen 76 (1956) S. 1130/33

[15] DIERGARTEN, H.   Mechanisch-dynamische Schmierstoff-
                              prüfungen, Probleme und Ergebnisse
                              VDI-Berichte, Band 20 (1957) S. 157/78

[16] DRESCHER, H.   Zur Mechanik der Reibung zwischen
                              festen Körpern
                              VDI 101 (1959) S. 697/707

[17] FINCH, G.J.   Transactions of the Faraday Society 33
                              (1937) 425

[18] FINCH, G.J. und   in Proc. Royal Society Series A, 155
      H. WILMAN   (1936) S. 345/65

[19] GILES, G.C.   How graphite aids metal forming
                              American Machinist 92 (1948) S. 143

[20] GLAUBITZ, H.   Messung der Schmierfähigkeit von Ölen
                              ATM 1951, Dezember V 9122-9

[21] GODFREY, D. und E.C. NELSON
Oxidation characteristics of molybdenum disulfide and effect of such oxidation on its role as a solid-film lubricant
NACA (National Advisory Committee for Aeronautics) Technical Note No.1882, 1949

[22] GOHLKE, W.
Elektronische Bestimmung dynamischer Spannungs-Dehnungskurven bei sehr schneller Stauchung
VDI 99 (1957) S. 579/86

[23] GOHLKE, W.
Die Höchstdruckmessung mit Kupfer-Stauchzylindern
VDI 102 (1960) S. 55/58

[24] GÖTTNER, G.H.
Anschauungen über die Vorgänge bei der Reibung fester Oberflächen
Draht 6 (1955) S. 1172/77

[25] HAGEDORN, H.
Emulsionsschmierung
Reibung, Schmierung und Verschleiß
Der technische Fortschritt, Heft 3
Fachbuchverlag GMBH Leipzig 1952

[26] HARDY, W.B.
Collected works, Cambridge 1936

[27] HÄNERT, L.
Geschütz und Schuß
Springer-Verlag Berlin 1935, 2. Aufl.
insbes. S. 44/55

[28] HECHT, H. und H.M. HILLER
Leistungsvergleich amerikanischer und deutscher Gesenkstähle
Werkstattstechnik 49, (1959) S. 645/48

[29] HOAGLAND, C.R.
How Harvester makes forging dies
American Machinist 92 (1948) S. 78/82

[30] HOFFMANN, W. und G. MEIER
Verwendung von Bleifolien für Meßdosen zur Bestimmung von Explosionsdrücken
Zeitschrift für Metallkunde 45 (1954) S. 508/10

[31] JAOUL, B. und J. SEJOURNET,
Lubrification de la déformation à chaud des métaux
Métaux 34, (1959) S. 221-235

[32] JOACHIM, H. und H. ILLGEN — Gasdruckmessungen mit Piezo-Indikator
Zeitschrift f.d. gesamte Schieß- und Sprengstoffwesen 27 (1932) S. 76/79 und 121/25

[33] JOHNSON, R.L., D. GODFREY E.E. BISSON — Friction of solid films on steel at high sliding velocities
NACA Technical Note Nr. 1578, 1948

[34] KIENZLE, O. — Kraft- und Geschwindigkeitsmeßverfahren für Werkzeugmaschinen der Umformtechnik
Werkstattstechnik und Maschinenbau 43 (1953) S. 553/60

[35] KIENZLE, O. — Die Grundpfeiler der Fertigungstechnik
Werkstattstechnik und Maschinenbau 46 (1956) S. 204/09

[36] KIENZLE, O. — Beitrag zum Stand unserer Erkenntnisse über Kalt- und Warmumformung
Microtechnic XII (1958) S. 7/21

[37] KIENZLE, O. und A. HEISS — Oberflächenabtastung in zwei Richtungen
Werkstattstechnik u. Maschinenbau 41 (1951) S. 73/81

[38] KLOSE, R. — Farbspritzen, Werkstattbücher, Heft 49
Springer-Verlag 1951

[39] LANG, W.E. — Forging die lubrication
Metal Progress 52 (1950), S. 337/39

[40] LANGE, K. — Die Arbeitsgenauigkeit beim Gesenkschmieden unter Hämmern
Diss. Techn. Hochschule Hannover 1953

[41] LANGE, K. und H. HAMMERSEN — Die Oberflächenbeschaffenheit von Gesenkschmiedestücken
Werkstattstechnik u. Maschinenbau 44 (1954) S. 647/49
s.a. Bericht Nr. 41 der Forschungsstelle Gesenkschmieden am Institut für Werkzeugmaschinen und Umformtechnik der Techn. Hochschule Hannover, 1954

[42] LANGE, K. und H. MEINERT — Einfluß der Oberfläche auf das Verschleißverhalten von Schmiedegesenken
Werkstattstechnik u. Maschinenbau 46 (1956) S. 313/19
s.a. Bericht Nr. 46 der Forschungsstelle Gesenkschmieden am Institut für Werkzeugmaschinen und Umformtechnik der Techn. Hochschule Hannover 1955

[43] LOEBNITZ, H. — Schmiermittel beim Gesenkschmieden
Werkstattstechnik und Maschinenbau 46 (1956) S. 196/99

[44] LUEG, W. und P. FUNKE jr. — Untersuchung von Walzölen u. Walzölemulsionen im Kaltwalzversuch
Stahl und Eisen 77 (1957) S. 1817/30
Stahl u. Eisen 78 (1958) S. 333/43

[45] LUEG, W. und K.H. TREPTOW — Schmierstoffe und Schmierstoffträger beim Ziehen von Stahldraht
Stahl u. Eisen 72 (1952) S. 399/416
Stahl u. Eisen 76 (1956) S. 1107/16

[46] MAILÄNDER, R. und K. DIES — Beitrag zur Erforschung der Vorgänge beim Verschleiß
Techn.Mitt.Krupp, Forschungsberichte 5 (1942) S. 209/38

[47] MEIER, R. — Die Genauigkeit des Kaltflachprägens metallischer Werkstücke
Diss. Techn. Hochschule Hannover 1961
s.a. Bericht Nr. 64 der Forschungsstelle Gesenkschmieden am Institut für Werkzeugmaschinen und Umformtechnik der Techn. Hochschule Hannover 1958

[48] MEYER, H. — Möglichkeiten und Grenzen der Warmumformung von Gußeisen in Gesenken
Diss. Techn. Hochschule Hannover 1959

[49] MING FENG, J. — A new theory of metal transfer and wear.
Lubrication Engng. 10 (1954) S. 34/38

[50] MINTROP, H.   Ein einfaches mechanisches Verfahren zur Messung der größten stoßartig wirkenden Kraft
Industrieanzeiger 72 (1950) S. 1029/30
s.a. Das Kalotten-Meßei
Industrieanzeiger 74 (1952) S. 754
s.a. Das Messen von Kräften in der Fertigung
Werkstatttechnik und Maschinenbau 42 (1952) S. 38/43

[51] MUNRO, G.H.J.   A recent advance in die-forging lubrication
Metal Treatment and Drop Forging 20 (1953) S. 430/31
s.a. Werkstatttechnik und Maschinenbau 44 (1954) S. 190

[52] MUNRO, G.H.J.   Glass dispersions
Metal treatment and drop forging, 23 (1956) S. 445

[53] MÜLLER, M.E. und W. KIRSCHSIEPER   Zur Ermittlung der Standzeit von Werkzeugschneiden durch Kurzzeitversuche
Werkstatttechnik und Maschinenbau 46 (1956) S. 159/62

[54] NEUBERGER, F.   Erhöhung der Standzeit von Gesenken durch Behandlung mit kolloidalem Graphit
Fertigungstechnik 6 (1956) S. 321/24

[55] NORMAN, T.E.   Molybdenite as a die lubricant
Metal Progress 50 (1946) S. 314

[56] PAWLOW, I.M.   Grundlagen der Metallverformung durch Druck
VEB-Verlag Technik Berlin 1954
insbes. S. 176-256
Deutsche Übersetzung von G. Panschin

[57] PETER, W.   Über das Abkühlvermögen flüssiger Härtemittel
Archiv für das Eisenhüttenwesen 7/8 (1949) S. 263/74

[58] PFENDER, M. — Ein einfaches Verfahren zur Prüfung von Schmiermitteln bei Grenzreibung
Erdöl und Kohle 5 (1952) S. 342/48

[59] RANGER, A.E. und J.G. WISTREICH — Study of lubrication in wire drawing by an electrical method
The Journal of the Institute of Petroleum Bd. 40 S. 308/14

[60] RAUHAUS, H. und P. GRÜNER — Untersuchungen über die Entstehung von Gesenkschmiedefehlern
Stahl u. Eisen 70 (1950) S. 253/64

[61] RHEILE, M. — Verhalten des Gleittreibungskoeffizienten von Tiefziehblechen bei hohen Flächenpressungen
Diss.Techn. Hochschule Stuttgart 1959

[62] SACHAROW, G.S. und K.I. GLUSTSCHENKO — Rauchlose Schmierung der Gesenke beim Gesenkschmieden
Die Presse der Sowjetunion 1956, S. 1983/84 und 1993/94

[63] SAVAGE, R.H. — Graphite lubrication
Journal of applied Physics, 19 (1948) S. 1-10

[64] SCHNEIDER, V. und W. REIMANN — Ein neues Abdruckverfahren für die Oberflächenprüfung
Werkstattstechnik und Maschinenbau 46 (1956) S. 129/31

[65] SÉJOURNET, J. und J. DELCROIX — Glass lubricant in the extrusion of steel
Lubrication Engineering 11 (1955) S. 389-96

[66] SÉJOURNET, J. — Le filage de l'acier avec verre lubrificant
Revue de Métallurgie 53 (1956) S.897-914

[67] SHAW, H.L., F.D. BOULGER und LORIG — Development of die lubrications for forging and extruding ferrous and nonferrous materials
Contract No. AF 33 (600) 26272 1955
Batelle Memorial Institute Ohio

[68] SMITH, D.H., H. SOUTHAN und H.A. WHITELEY
Use of radioactive Tracers in the investigation of wear of drop-forging dies
Metal Treatment and Drop Forging 24 (1957) S. 131/36
s.a. Werkstattstechnik und Maschinenbau 48 (1958) S. 571/2 und
Werkstatt und Betrieb 91 (1958) S.157/58

[69] SONNTAG, A.
Molybdenum lubricant proves itself in tough tests
Iron Age 167 (1951) S. 91/93

[70] SONNTAG, A.
Properties and uses of pure molybdenum disulphide as a lubricant
Meeting of the American Society of Lubrication Engineers, Milwaukee, 1953

[71] SPENGLER, G.
Molybdän-Disulfid als Schmiermittel
Erdöl und Kohle 7 (1954) S. 156/60

[72] STÖTER, H.J.
Untersuchung des Schmiedevorganges in Hammer und Presse, insbesondere hinsichtlich des Steigens
Diss. Techn. Hochschule Hannover 1959

[73] TREPTOW, K.H.
Versuche zur Klärung der Schmierungsvorgänge beim Drahtziehen
Stahl u. Eisen 76 (1956) S. 1133/34

[74] VOGELPOHL, G.
Die Stribeck-Kurve als Kennzeichen des allgemeinen Reibungsverhaltens geschmierter Gleitflächen
VDI 96 (1954) S. 261/68

[75] WIEGAND. H. und K.H. KLOOS
Der Reibungs- und Schmierungsvorgang in der Kaltformgebung und Möglichkeiten seiner Messung
Werkstatt und Betrieb 93 (1960) S.181/87

[76] WOJTOWICZ, W.J. Sliding Friction test for metalworking lubricants
Lubrication Engineering 11 (1955) S. 174/77

[77] Lubricant selection cuts forging costs
Metalworking 16 (1960) S. 84/85

[78] Wärmebeständiges öl- und fettfreies, wasserlösliches Schmiermittel für das Warmverformen von Metallen
Schmiertechnik 6 (1959) S. 146, Patentauslese

FORSCHUNGSBERICHTE DES LANDES NORDRHEIN-WESTFALEN

Herausgegeben durch das Kultusministerium

EISENVERARBEITENDE INDUSTRIE

HEFT 39
Forschungsgesellschaft Blechverarbeitung e. V., Düsseldorf
Untersuchungen an prägegemusterten und vorgelochten Blechen
1953, 46 Seiten, 34 Abb., DM 9,50

HEFT 43
Forschungsgesellschaft Blechverarbeitung e. V., Düsseldorf
Forschungsergebnisse über das Beizen von Blechen
1953, 48 Seiten, 38 Abb., 3 Tabellen, DM 11,30

HEFT 51
Verein zur Förderung von Forschungs- und Entwicklungsarbeiten in der Werkzeugindustrie e. V., Remscheid
Untersuchungen an Kreissägeblättern für Holz, Fehler- und Spannungsprüfverfahren
1953, 50 Seiten, 23 Abb., DM 10,—

HEFT 56
Forschungsgesellschaft Blechverarbeitung e. V., Düsseldorf
Untersuchungen über einige Probleme der Behandlung von Blechoberflächen
1954, 52 Seiten, 42 Abb., DM 11,20

HEFT 60
Forschungsgesellschaft Blechverarbeitung e. V., Düsseldorf
Untersuchungen über das Spritzlackieren im elektrostatischen Hochspannungsfeld
1954, 82 Seiten, 53 Abb., 7 Tabellen, DM 17,—

HEFT 61
Verein zur Förderung von Forschungs- und Entwicklungsarbeiten in der Werkzeugindustrie e. V., Remscheid
Schwingungs- und Arbeitsverhalten von Kreissägeblättern für Holz
1954, 54 Seiten, 31 Abb., DM 11,40

HEFT 65
Fachverband Schneidwarenindustrie, Solingen
Untersuchungen über das elektrolytische Polieren von Tafelmesserklingen aus rostfreiem Stahl
1954, 90 Seiten, 38 Abb., 9 Tabellen, DM 17,35

HEFT 87
Gemeinschaftsausschuß Verzinken, Düsseldorf
Untersuchungen über Güte von Verzinkungen
1954, 68 Seiten, 56 Abb., 3 Tabellen, DM 15,30

HEFT 98
Fachverband Gesenkschmieden, Hagen
Die Arbeitsgenauigkeit beim Gesenkschmieden unter Hämmern
1955, 132 Seiten, 55 Abb., 9 Tabellen, DM 24,75

HEFT 116
Prof. Dr.-Ing. E. Siebel und Dr.-Ing. H. Weiss, Stuttgart
Untersuchungen an einigen Problemen des Tiefziehens — I. Teil
1955, 74 Seiten, 50 Abb., 6 Tabellen, DM 14,50

HEFT 117
Dr.-Ing. H. Beißwänger, Stuttgart und Dr.-Ing. S. Schwandt, Trier
Untersuchungen an einigen Problemen des Tiefziehens — II. Teil
1955, 92 Seiten, 34 Abb., 8 Tabellen, DM 17,70

HEFT 150
Prof. Dr.-Ing. O. Kienzle und Dipl.-Ing. F. W. Timmerbeil, Hannover
Das Durchziehen enger Kragen an ebenen Fein- und Mittelblechen
1955, 52 Seiten, 20 Abb., 8 Tabellen, DM 11,30

HEFT 177
Dipl.-Ing. H. Stüdemann, Solingen und Dr.-Ing. W. Müchler, Essen
Entwicklung eines Verfahrens zur zahlenmäßigen Bestimmung der Schneideigenschaften von Messerklingen
1956, 104 Seiten, 68 Abb., 4 Tabellen, DM 22,20

HEFT 224
Dipl.-Ing. H. Stüdemann und Ing. R. Beu, Solingen
Verfahren zur Prüfung der Korrosionsbeständigkeit von Messerklingen aus rostfreiem Stahl
1956, 82 Seiten, 28 Abb., DM 16,90

HEFT 225
Dr.-Ing. E. Barz, Remscheid
Der Spannungszustand von Gattersägeblättern
1956, 74 Seiten, 54 Abb., DM 16,50

HEFT 277
Dr.-Ing. W. Müchler, Essen
Untersuchung und zahlenmäßige Bestimmung der Schneideigenschaften von Messern mit besonderer Berücksichtigung rostfreier Messerstähle
1956, 60 Seiten, 27 Abb., 5 Tabellen, DM 13,20

HEFT 283
Prof. Dr. F. Wever und Dr.-Ing. W. Lueg, Düsseldorf
Warmstauchversuche zur Ermittlung der Formänderungsfestigkeit von Gesenkschmiede-Stählen
1956, 44 Seiten, 19 Abb., DM 9,90

HEFT 285
Prof. Dr.-Ing. O. Kienzle, Dr.-Ing. K. Lange, Hannover und Dipl.-Ing. H. Meinert, Osterode
Einfluß der Oberfläche auf das Verschleißverhalten von Schmiedegesenken
1956, 62 Seiten, 29 Abb., 8 Tabellen, DM 14,60

HEFT 286
Dr.-Ing. K. Lange, Hannover, Dipl.-Ing. H. Meinert, Osterode, unter Mitarbeit von Dr.-Ing. H. Arend, Mülheim (Ruhr)
Verschleißverhalten hartverchromter Schmiedegesenke
1956, 74 Seiten, 53 Abb., 6 Tabellen, DM 17,65

HEFT 321
Prof. Dr. F. Wever, Düsseldorf und Dr. W. Wepner, Köln
Gleichzeitige Bestimmung kleiner Kohlenstoff- und Stickstoffgehalte im α-Eisen durch Dämpfungsmessung
1956, 30 Seiten, 3 Abb., 4 Tabellen, DM 6,80

HEFT 322
Prof. Dr.-Ing. F. Bollenrath und Dipl.-Ing. W. Domke, Aachen
Eigenspannungen in vergüteten, dickwandigen Stahlzylindern nach Oberflächenhärtung mit induktiver Erwärmung
1956, 30 Seiten, 9 Abb., 2 Tabellen, DM 6,90

HEFT 360
Dr.-Ing. E. Barz, Remscheid
Fertigungsverfahren und Spannungsverlauf bei Kreissägeblättern für Holz
1957, 68 Seiten, 40 Abb., DM 17,—

HEFT 367
Dr. rer. nat. D. Horstmann, Düsseldorf
Der Angriff eisengesättigter Zinkschmelzen auf kohlenstoff-, schwefel- und phosphorhaltiges Eisen
1957, 52 Seiten, 22 Abb., 6 Tabellen, DM 12,85

HEFT 375
Technischer Überwachungsverein e. V., Essen
Wanddickenmessungen mittels radioaktiver Strahlen und Zählrohrgerät
1958, 38 Seiten, 15 Abb., DM 9,55

HEFT 376
Technischer Überwachungsverein e. V., Essen
Wasserumlaufprobleme an Hochdruckkesseln
1958, 140 Seiten, 50 Abb., 8 Tabellen, DM 32,60

HEFT 377
Technischer Überwachungsverein e. V., Essen
Versuche an Wanderrostkesseln mit befeuchteter Verbrennungsluft
1958, 36 Seiten, 19 Abb., 2 Tabellen, DM 12,20

HEFT 395
Dipl.-Ing. L. Hahn, Clausthal-Zellerfeld
Untersuchungen zur Frage des optimalen Bohrloch- und Patronendurchmessers
1957, 132 Seiten, 49 Abb., 19 Tabellen, DM 31,25

HEFT 445
Dr.-Ing. E. Barz, Remscheid
Fertigungs- und Prüfverfahren für Feilen
vergriffen

HEFT 447
Prof. Dr.-Ing. F. Bollenrath, Aachen, Dr.-Ing. H. Füllenbach, Seesen/Harz und Dipl.-Ing. J. Schumacher, Neubeckum/Westf.
Entwicklung rationell arbeitender Spritzkabinen
1958, 44 Seiten, 26 Abb., DM 13,55

HEFT 473
Prof. Dr. phil. F. Wever, Dr.-Ing. W. Lueg und Dipl.-Ing. P. Funke jr., Düsseldorf
Versuche an einer hydraulischen 25 t-Stangenziehbank
1957, 34 Seiten, 11 Abb., DM 8,95

HEFT 557
Dr.-Ing. H. Schiffers, Dipl.-Ing. D. Ammann, Dipl.-Ing. E. Brugger und Dipl.-Ing. R. Dicke, Aachen
Härtbarkeit von Gußeisen mit Lamellen- und Kugelgraphit in Abhängigkeit von Zusammensetzung und Gefüge
1958, 30 Seiten, 24 Abb., 1 Tabelle, DM 11,—

HEFT 630
Prof. Dr. phil. W. Koch und Dr. techn. Dipl.-Ing. H. Malissa, Düsseldorf
Beiträge zur Spurenanalyse im Reinsteisen
1958, 26 Seiten, 8 Tabellen, DM 7,60

HEFT 639
Prof. Dr.-Ing. habil. K. Krekeler, Dr.-Ing. H. Peukert und Dipl.-Ing. O. Schwarz, Aachen
Auswertung der in- und ausländischen Literatur auf dem Gebiete des Metallklebens
1958, 152 Seiten, DM 37,80

HEFT 655
Dr. rer. pol. A. Th. Wuppermann, Leverkusen, Prof. Dr.-Ing. M. Pfender und Reg.-Rat Dipl.-Ing. E. Amedick, Berlin
Untersuchung des Einflusses von Oberflächenfehlern auf die Dauerhaltbarkeit von Kurbelwellen
1958, 48 Seiten, 101 Abb., 4 Tabellen, DM 10,—

HEFT 680
Prof. Dr. phil. W. Koch, Dr.-Ing. habil. A. Krisch und Dipl.-Phys. H. Rohde, Düsseldorf
Änderungen im Gefügeaufbau austenitischer Chrom-Nickel-Stähle bei Zeitstandversuchen von mehrjähriger Dauer
1959, 38 Seiten, 23 Abb., 5 Tabellen, DM 12,20

HEFT 681
Prof. Dr.-Ing. Dr.-Ing. e. h. H. Schenck und Dr.-Ing. W. Wenzel, Aachen
Die Reduktion von Eisenerzen im Elektro-Fließbett
1959, 76 Seiten, 20 Abb., 12 Tabellen, DM 19,60

HEFT 693
Prof. Dr.-Ing. O. Kienzle, Hannover
Einige Untersuchungen über das Schneiden von Blechen
1959, 56 Seiten, 54 Abb., 3 Tabellen, DM 17,40

HEFT 702
Prof. Dr. phil. W. Koch und Dipl.-Phys. Dr. rer. nat. H. Lüdering, Düsseldorf
Statistische Auswertung von Thomasroheisenproben guter und schlechter Verblasbarkeit
1959, 20 Seiten, 3 Abb., 3 Tabellen, DM 6,50

HEFT 703
Prof. Dr. phil. W. Koch und Dipl.-Phys. Dr. rer. nat. H. Sundermann, Düsseldorf
Isolierungstechnische Untersuchungen an Thomasroheisen
1959, 28 Seiten, 16 Abb., 1 Tabelle, DM 9,—

HEFT 705
Dr.-Ing. K. E. Mayer, Dr.-Ing. H. Knüppel, Ing. A. Stumpf, Dortmund und Prof. Dr. phil. W. Koch, Düsseldorf
Wege zur automatischen Überwachung des Thomasverfahrens
1959, 56 Seiten, 20 Abb., 7 Tabellen, DM 14,80

HEFT 714
Prof. Dr.-Ing. W. Patterson, Aachen
Wirkung einer Gasspülung auf den Magnesiumverbrauch bei der Herstellung von Gußeisen mit Kugelgraphit
1959, 44 Seiten, 35 Abb., 14 Tabellen, DM 13,40

HEFT 728
Dr.-Ing. K. Spies, Dortmund
Die Zwischenformen beim Gesenkschmieden und ihre Herstellung durch Formwalzen
1959, 114 Seiten, 61 Abb., 1 Tabelle, DM 29,60

HEFT 740
Dr. rer. nat. D. Horstmann, Düsseldorf
Einfluß einiger Eisen- und Zinkbegleiter auf Größe und Art des Zinkangriffs auf Eisen
1959, 38 Seiten, 22 Abb., 1 Tabelle, DM 12,60

HEFT 741
Dipl.-Ing. H. Stüdemann, Dipl.-Ing. F. Esselborn und Ing. H. Hartmann, Solingen
Prüfung der Korrosionsbeständigkeit rostbeständiger Besteckbleche aus Chromstahl
1959, 32 Seiten, 30 Abb., 4 Tabellen, DM 10,30

HEFT 742
Dr.-Ing. E. Barz, Remscheid
Schneideigenschaften von schneidenden Zangen und Prüfverfahren
1959, 66 Seiten, 40 Abb., 4 Tabellen, DM 18,40

HEFT 757
Dr.-Ing. A. Schrader und Dr.-Ing. habil. A. Krisch, Düsseldorf
Mikroskopische Beobachtungen von Ausscheidungen in austenitischen und ferritischen Stählen nach dem Kriechversuch
1959, 22 Seiten, 22 Abb., 1 Tabelle, DM 8,60

HEFT 780
Prof. Dr. phil. F. Wever, Düsseldorf
Untersuchungen von Walzölen und Walzölemulsionen im Kaltwalzversuch
1959, 68 Seiten, 28 Abb., mehr. Tab., DM 18,50

HEFT 781
Dr.-Ing. E. Barz u. a.
Verformungseinflüsse bei der Feilenherstellung
1959, 65 Seiten, 39 Abb., DM 20,—

HEFT 840
Prof. Dr. phil. F. Wever, Dr.-Ing. H. G. Müller und Dr.-Ing. P. Funke, Düsseldorf
Versuchsmäßige und rechnerische Bestimmung von Walzkraft und Drehmoment unter Einwirkung von Bandzugspannungen beim Kaltwalzen von Bandstahl
1960, 36 Seiten, 12 Abb., 3 Tafeln, DM 10,90

HEFT 841
Dr. rer. nat. H. Blanck, Düsseldorf
Untersuchungen zur Kinetik des Martensitzerfalls
1960, 33 Seiten, 11 Abb., 2 Tabellen, DM 10,30

HEFT 848
Dipl.-Ing. H.-J. Stöter, Hannover
Untersuchung des Schmiedevorganges in Hammer und Presse, insbesondere hinsichtlich des Steigens
1960, 133 Seiten, 62 Abb., 8 Tabellen, DM 35,60

HEFT 876
Dir. Dipl.-Ing. H. Stüdemann und Dipl.-Ing. R. Both, Solingen
Untersuchungen über den Einfluß der Oberflächenbearbeitung auf das Korrosionsverhalten rostbeständiger Messerstähle
1960, 34 Seiten, 11 Abb., 4 Tabellen, DM 10,30

HEFT 889
Dipl.-Ing. W. Hufschmidt, Aachen
Die Eigenschaften von Rippenrohrluftkühlern im Arbeitsbereich der Klimaanlagen

HEFT 890
Dr.-Ing. H. Meyer, Hagen (Westf.)
Untersuchungen über den Umformvorgang in Waagerecht-Stauchmaschinen

Ein Gesamtverzeichnis der Forschungsberichte, die folgende Gebiete umfassen, kann bei Bedarf vom Verlag angefordert werden:
Acetylen / Schweißtechnik – Arbeitspsychologie und -wissenschaft – Bau / Steine / Erden – Bergbau – Biologie – Chemie – Eisenverarbeitende Industrie – Elektrotechnik / Optik – Fahrzeugbau / Gasmotoren – Farbe / Papier / Photographie – Fertigung – Gaswirtschaft – Hüttenwesen / Werkstoffkunde – Luftfahrt / Flugwissenschaften – Maschinenbau – Medizin / Pharmakologie / Physiologie – NE-Metalle – Physik – Schall / Ultraschall – Schiffahrt – Textiltechnik / Faserforschung / Wäschereiforschung – Turbinen – Verkehr – Wirtschaftswissenschaften.

If you have any concerns about our products,
you can contact us on
ProductSafety@springernature.com

In case Publisher is established outside the EU,
the EU authorized representative is:
**Springer Nature Customer Service Center GmbH
Europaplatz 3, 69115 Heidelberg, Germany**

Printed by Libri Plureos GmbH
in Hamburg, Germany